装饰材料
与施工工艺

■ 主　编　潘洋宇　王　悦　周荣山
■ 副主编　苏　刚　陈忠阳

十四五

高职高专艺术学门类
"十四五"规划教材

职业教育改革成果教材

U0641616

A R T　D E S I G N

华中科技大学出版社
http://www.hustp.com
中国·武汉

内 容 简 介

  本教材总共分五章,按照室内装修流程进行编写。第一章水电材料与施工工艺,介绍了给排水管、电工套管等材料种类、性能和应用场合,对水电改造工艺进行详细说明。第二章介绍吊顶种类和结构以及典型吊顶施工流程。第三章介绍地面铺贴主要材料性能和应用场合以及典型的施工工艺。第四章介绍墙面装饰材料的种类、特点和典型施工过程。第五章介绍灯具、门窗、楼梯等其他装饰工程。

图书在版编目(CIP)数据

装饰材料与施工工艺/潘洋宇,王悦,周荣山主编.—武汉:华中科技大学出版社,2021.8(2025.2重印)
ISBN 978-7-5680-7438-4

I.①装… Ⅱ.①潘… ②王… ③周… Ⅲ.①建筑材料-装饰材料 ②建筑装饰-工程施工 Ⅳ.①TU56 ②TU767

中国版本图书馆 CIP 数据核字(2021)第 170909 号

装饰材料与施工工艺   潘洋宇   王   悦   周荣山   主编
Zhuangshi Cailiao yu Shigong Gongyi

策划编辑:江   畅
责任编辑:段亚萍
封面设计:优   优
责任监印:朱   玢
出版发行:华中科技大学出版社(中国·武汉)   电话:(027)81321913
      武汉市东湖新技术开发区华工科技园   邮编:430223
录   排:武汉创易图文工作室
印   刷:武汉市洪林印务有限公司
开   本:880 mm×1230 mm   1/16
印   张:9
字   数:292千字
版   次:2025年2月第1版第5次印刷
定   价:50.00元

目录
Contents

Zhuangshi Cailiao yu Shigong Gongyi

第一章

水电材料与施工工艺

第一节

水 暖 材 料

一、PVC 管

PVC(聚氯乙烯)塑料管(见图 1-1)是一种现代合成材料管材。但近年来科技界发现,能使 PVC 变得更为柔软的化学添加剂酞,对人体内肾、肝等影响甚大,会导致癌症、肾损坏,破坏人体功能再造系统,影响发育。一般来说,由于其强度远远不能适用于水管的承压要求,所以极少使用于自来水管。大部分情况下,PVC 管适用于电线管道和排水管道。

图 1-1

1. PVC 排水管的规格

PVC 排水管的常见规格:外径为 32 mm、40 mm、50 mm、75 mm、90 mm、110 mm、125 mm、160 mm、180 mm、200 mm、250 mm、315 mm、400 mm、500 mm、630 mm 等。长度为 4 m 或 6 m。PVC 排水管中 A 管是国标管,壁厚 3 mm;B 管是企标管,壁厚 2.8 mm。

2. PVC 排水管的优点

- 管材表面硬度和抗拉强度优,管道安全系数高。
- 抗老化性好,正常使用寿命可达 50 年以上。
- 管道对酸、碱、盐类耐腐蚀性能优良,适用于污水排放及输送。
- 管道摩阻系数小,水流顺畅,不易堵塞,养护工作量少。
- 材料氧指数高,具有自熄性,抗燃。
- 管道线膨胀系数小,受温度影响变形量小。导热系数和弹性模量小,抗冰冻性能优良。
- 管材、管件连接可粘接,施工方法简单。

二、PP-R 管

PP-R(嵌段共聚聚丙烯、三型聚丙烯、无规共聚聚丙烯)管(见图1-2)由于在施工中采用熔接技术,所以也俗称热熔管。由于其无毒、质轻、耐压、耐腐蚀,正在成为一种推广的材料。一般来说,这种材质不但适合用于冷水管道,也适合用于热水管道,甚至纯净饮用水管道。家装中 PP-R 管分冷水管和热水管,右冷左热,冷水管蓝色,热水管红色。

1. PP-R 管规格

家装中 PP-R 水管用到的主要是四分管、六分管,其中四分管用得更多些。

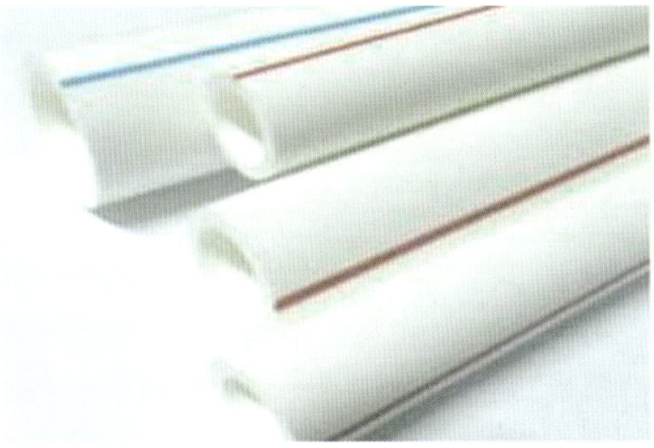

2. PP-R 管优点

• 无毒、卫生。PP-R 的原料分子只有碳、氢元素,没有有害有毒的元素存在,卫生可靠,不仅可用于冷热水管道,还可用于纯净饮用水系统。

图 1-2

• 保温节能。

• 较好的耐热性。最高工作温度可达 95 ℃,可满足建筑给排水规范中热水系统的使用要求。

• 使用寿命长。使用寿命可达 100 年以上。

• 安装方便,连接可靠。PP-R 具有良好的焊接性能,管材、管件可采用热熔和电熔连接,安装方便,接头可靠,其连接部位的强度大于管材本身的强度。

• 物料可回收利用。PP-R 废料经清洁、破碎后可回收利用于管材、管件生产。回收物料用量不超过总量 10%,不影响产品质量。

3. PP-R 纳米抗菌管

PP-R 纳米抗菌管(见图1-3)能强效抗菌、抑菌,效果持久、管内自洁。它卫生无毒,耐热、耐压、耐腐蚀,不结垢,永不渗漏,寿命长;保温节能,健康环保,流量大,噪声低,重量轻,安装方便。抗菌管在普通的 PP-R 管的基础上复合一层无机抗菌剂保护层,不仅具有 PP-R 管的特点,还有抗菌效果,价格上比普通 PP-R 管贵。

图 1-3

三、铝塑复合管

铝塑复合管(见图1-4)是一种由中间纵焊铝管,内外层聚乙烯塑料以及层与层之间热熔胶共挤复合而成的新型管材。聚乙烯塑料是一种无毒、无异味的塑料,具有良好的耐撞击、耐腐蚀性,由于其质轻、耐用而且施工方便、可弯曲性强,更适合在家装中使用。其主要缺点是,在用作热水管时,由于长期的热胀冷缩会造成管壁错位以致造成渗漏。

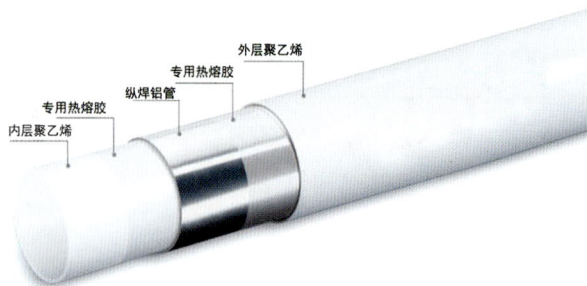

图 1-4

1. 铝塑复合管的分类

铝塑复合管内部平滑、不腐蚀、不结水垢,比金属管道流量大 30%。弯曲容易,能直接绕过梁柱安装,能埋于墙壁与混凝土内,用一个简单的金属探测器,便能探测出装设所在,所以该管非常适合工业与民用建筑中冷热水管路系统使用。铝塑复合管有普通饮用水管、耐高温管、燃气管,各类管特点及用途如下:

• 普通饮用水用铝塑复合管:白色 L 标识,适用于生活用水、冷凝水、氧气、压缩空气、其他化学液体管道。

• 耐高温用铝塑复合管:红色 R 标识,主要用于长期工作水温 95 ℃的热水及采暖管道系统。

• 燃气用铝塑复合管:黄色 Q 标识,主要用于输送天然气、液化气、煤气管道系统。室内燃气管道纵向焊接的铝管夹在塑料中间,能经受住较高工作压力,使气体(氧气)渗透率为零,且管子长,可以减少接头,避免渗漏,所以这种管用于压缩空气、煤气、氧气等气体输送线路是安全可靠的。

2. 铝塑复合管的优点

• 从连接方式看,铝塑复合管采用的是物理连接,简单、方便,除非操作不当,其安全性和可靠程度非常之高。PE 管和 PP-R 管则采用热熔或电熔连接,工艺复杂,易产生堆料缺陷区,导致应力集中,影响管道的长期性能;此外,电熔丝的局部高温容易促进管道材料降解,加速管道老化。

• 从长期卫生性能看,铝塑复合管中间铝层隔绝氧气,不易导致微生物和藻类植物滋生,外层 PE 允许加抗氧剂,不会造成内层水质污染。PE 管和 PP-R 管不能阻隔氧气,易导致微生物和藻类繁殖,影响饮用水的卫生;且含有大量抗氧剂,易造成水质污染。

• 从耐高温性能看,铝塑复合管国标规定的长期使用温度为 95 ℃,最高使用温度为 110 ℃,完全可以满足家庭用水的需要;PE 管随着温度的升高其性能迅速下降,仅限于冷水输送;PP-R 管国标规定的长期使用温度为 70 ℃,最高使用温度为 95 ℃,在热水管的使用上有一定的局限性。

• 从耐老化性能看,铝塑复合管分子结构稳定,内外层 PE 相隔,外层允许加入足够的抗光、抗氧稳定剂而不影响接触水的内层卫生性;PE 管分子结构稳定,但单层结构不利于加入稳定剂,易导致管道内水体二次污染;PP-R 管则含有大量不稳定的叔碳原子,易受光、氧、杂质作用而老化。

• 从使用寿命看,铝塑复合管所用的 PE 塑料,分子链结构($-CH_2-CH_2-$)是塑料中较为稳定的,且由于铝塑复合管中间铝层将内外层隔离,外层塑料允许加入足以抵抗光、氧老化的稳定剂而不影响接触水的内层卫生性,从而加强它的抗老化性能。

四、PB 管

聚丁烯(polybutylene,PB)是一种高分子惰性聚合物,主要是由丁烯聚合而成,与聚丙烯和聚乙烯皆为经常使用的塑胶材料。它无毒无味,适用于 $-30\ ℃$ 至 $100\ ℃$ 的温度,且具有相当高的耐温性、化学稳定性和可塑性,目前在欧美等发达国家被广泛采用,是世界最尖端的化学材料之一。PB 管取代了铜管成为热水给水管道的首选材料,被誉为"塑料中的黄金"。聚丁烯主要用于自来水管、热水管与暖气管等管道的管壁材料。

五、金属管

1. 镀锌管

镀锌管作为水管,使用几年后,管内产生大量锈垢,流出的黄水不仅污染洁具,而且夹杂着不光滑内壁滋生的细菌,锈蚀造成水中重金属含量过高,严重危害人体的健康(国家已出条例禁止当饮用水管)。

2. 铜管

铜管(见图 1-5)具有耐腐蚀、消菌等优点,是水管中的上等品。铜管接口的方式有卡套、焊接和自锁卡簧式等连接方式。卡套时间长了存在老化漏水的问题。焊接就是采用热熔工艺,将两连接件熔接,达到连接的效果。连接强度高,但现场焊接口的焊缝气体保护难以达标,造成焊缝易生锈,直接降低管道的使用寿命;安装质量对焊接工人技术依赖性强,质量难稳定。自锁卡簧式是新型连接方式,是目前最简便的施工方法之一。操作简单方便,施工人员只需熟悉其操作要求,稍做实践即可掌握。连接时,管子切口端面应与管子轴线垂直,切口处内外的毛刺应清理干净,并用记号笔在铜管前端外侧标出需插入的深度,然后用力将铜管插入到底即可。安装风险低,适合各种安装环境,可重复使用,环保节能;不泄漏、防震、防热胀冷缩,使用安全,耐用可靠。

铜管的一个缺点是导热快,所以有名的铜管厂商生产的热水管外面都覆有防止热量散发的塑料和发泡剂。铜管的另一个缺点就是价格贵,焊接的施工费用更高,很少有家庭装修采用焊接式铜管。

3. 不锈钢管

不锈钢管(见图 1-6)安全、卫生、健康、耐用,消除了塑料管道污染的问题,价格也比铜管节省很多,是首选的水管材料。

不锈钢材质不仅可以应用于医疗、食品、饮料、石油化工和我们家中的餐具、茶壶,而且可以植入人体,如人造钢骨架、人造牙等。经过几十年应用证明,不锈钢材料具有优良的耐腐蚀性、卫生性,不生锈、不结垢,自洁性好,使用寿命长,环保,可百分之百回收利用。

4. 金属波纹管

金属波纹管(见图 1-7)为薄壁不锈钢焊管进行波形加工而成,富有可挠性及良好的耐温、耐压性能。它依靠波纹侧壁的弹性变形来保持一定的可压缩性或可拉伸性,同时,保证可靠的密封。它主要用于燃气管道连接。

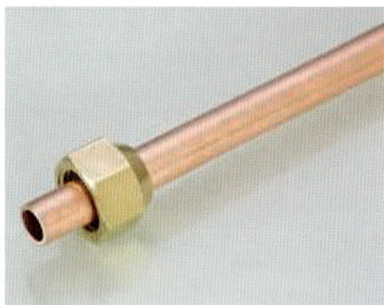　　　　

图 1-5　　　　　　　　　　　图 1-6　　　　　　　　　　　图 1-7

六、配件

配件如图 1-8 所示。

三通

管套

45°弯头

90°弯头

外螺纹直接

内螺纹直接

四通

法兰连接件

管帽

管卡

活接

鞍形接头

图 1-8

第二节
给排水施工工艺

一、施工要求

（1）除设计注明外，冷热水管均采用铝塑管，主管统一为 $\phi20$ mm，分管为 $\phi16$ mm；安装前应检查管道是否畅通。

（2）不得随意改变排水管、地漏及坐便器等的废、污排水性质和位置（特殊情况除外）。排水管必须有存水弯，以防臭气上排。

（3）钢管全部采用螺纹连接，并用麻丝、厚漆或生料带衬口，管道验收应符合加压不小于 1 MPa、稳压 20 分钟管内压降不大于 0.5 MPa 的标准。下水管竣工后一律临时封口，以防杂物阻塞。

（4）管道安装应做到横平竖直、铺设牢固，PVC 下水管必须胶粘严密，坡度符合 35/1000 要求。

（5）管道安装不得靠近电源，并在电线管下面，交叉时需用过桥弯过渡。水管与燃气管的间距应该不小于 50 mm。

（6）通往阳台的水管必须加装阀门，中间尽量避免接头。

（7）冷热水管外露头子间距必须根据龙头实际尺寸而决定。两只头子必须在同一水平线上；外露头子凸出抹灰面应不小于 15 mm，并用水泥砂浆固定热水管，埋入墙身深度应保证管外有 15 mm 以上的水泥砂浆保护层，以免受热墙面裂开（特殊情况除外）。长距离热水管须用保温材料处理。

（8）外露管头常规高度（均为净尺寸）：

浴房：1000 mm　　　　　　淋浴房：1000 mm

浴缸：650 mm　　　　　　　洗脸盆：500 mm

厨房水池：600 mm　　　　　洗衣机：机高加 200 mm

热水器：1200～1600 mm

（9）前期工程完工时须安装工地临时用水龙头 1～2 只（以低龙头为佳），并提供后期所需材料清单（规格、数量、种类），以便于客户自行安排时间选购。

（10）卫生洁具安装必须牢固，不得松动，排水畅通，各处连接密封无渗漏；安装完毕后盛水 2 小时，自行用目测和手感法检查一遍。

（11）坐便器安装必须用油石灰或硅酮胶连接密封，严禁用水泥砂浆固定，水池下水、浴缸排水必须用硬管连接。

（12）所有卫生洁具及其配件在安装前及安装完毕均应检查一遍，查看有无损坏，工程安装完毕应对所有用水洁具进行一次全面检查。

二、施工工艺

1. 材料及设备的准备

相关材料及设备如图 1-9 所示。

切割机

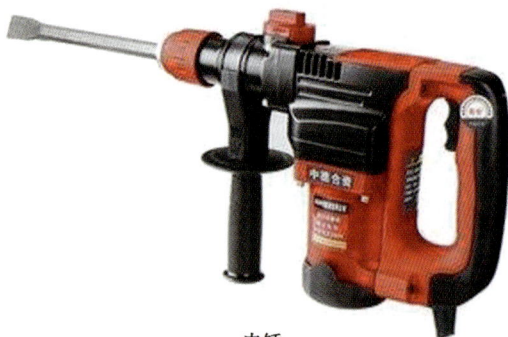

电锤

墨斗

卷尺

PP-R焊枪

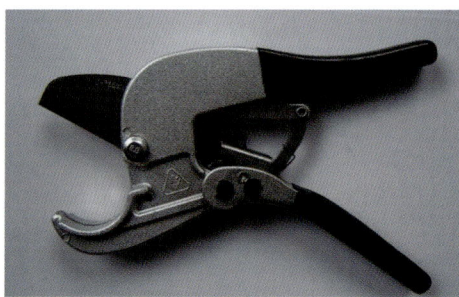

管剪

图 1-9

2. 画线定位

　　施工图出来以后就要开始画线定位了,记得定位前要对原水管试压。定位时可以把水设备的供应商喊来一起看看如净水设备、中央空调、热水器等家电的安装位置。确定好这些事项之后就可以开始定位了,施工的师傅会先用墨斗在需要走管的位置弹出墨线,注意检查墨线是否平直,是否与施工前准备的方案有差别。

3. 开槽

在画好定位线的位置,施工的师傅会先用切割机按线路割开槽面,再用电锤开槽。在进行墙面开槽的时候,应尽量避免在承重墙上横向开槽,如无法避免则不要超过 30 厘米。因为在承重墙上横向开槽会破坏墙面的整体结构,使房子存在安全隐患。而有水龙头的地方则必须垂直,一般开槽的深度为 4 厘米。

水表安装位置应方便读数,水表、阀门离墙面的距离要适当,要方便使用和维修。冷、热水管均为入墙做法,开槽时需检查槽的深度,冷热水管不能同槽。

4. 布管

开完槽以后就是布管(见图 1-10 和图 1-11),这里的技术就是热熔,也就是说用热熔机把管子接头部分通过热熔连成一体,这就是 PP-R 管材与其他管材施工的最大不同。

管和弯头对接的角度一定要是 90 度,否则会造成弯头连接的两边管的壁厚不一样,壁厚相对较薄的地方就可能因为受力不均匀,在自来水的压力下,出现渗漏的危险。

图 1-10

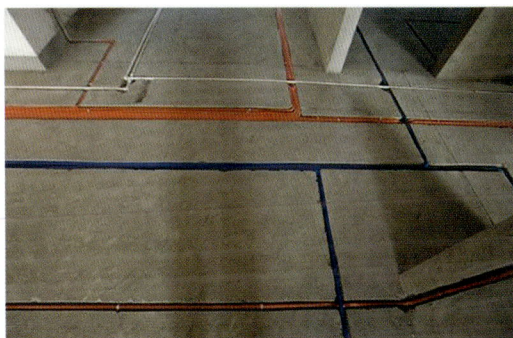

图 1-11

5. 打压试验

水路改造完成后,需要对水管进行打压测试,主要是测试水管的质量是否合格以及焊接的地方是否牢固(见图 1-12)。

图 1-12

6. 封槽

验收完成之后就需要用水泥砂浆封补开槽的位置,需要将槽里的杂物清理干净,然后进行填补,处理平整。

第三节
电 线 材 料

一、电线

1. 电线的概念

电线是传导电能使用的载体,是由一根或几根柔软的导线组成,外面包以轻软的保护层(见图 1-13)。

图 1-13

2. 电线的规格

电线的规格标的是电线的横截面积,单位为平方毫米。

一般来说,当电网电压是 220 V 的时候,每平方毫米电线的经验载电量是 1 kW 左右。

铜线每平方毫米可以载电 1～1.5 kW,铝线每平方毫米可载电 0.6～1 kW。因此功率为 1 kW 的电器只需用一平方毫米的铜线就足够了。

具体到电流,短距离送电时,一般铜线每平方毫米可载 3～5 A 的电流。散热条件好,取 5 A/mm^2,散热条件不好,取 3 A/mm^2。

具体情况如下:

1.0 mm^2 铜线——6 A,1200 W;

1.5 mm^2 铜线——10 A,2000 W;

2.0 mm^2 铜线——12.5 A,2500 W;

2.5 mm^2 铜线——15 A,3000 W;

4.0 mm^2 铜线——25 A,7000 W;

6.0 mm^2 铜线——35 A,10 740 W;

9.0 mm^2 铜线——54 A,12 000 W。

1.5 mm^2 的电线通常使用于照明线路或其他小功率的线路;

2.5 mm^2 的电线通常用在插座上或普通电器(2500 W 以内的电器)上;

$4\ mm^2$ 的电线通常使用在 2 匹以上的空调上或 5500 W 以内的电器(比如热水器)上；
$6\sim10\ mm^2$ 的电线作为电源主线（入户线）。

3. 电线质量鉴别

• 一要看。看质量体系认证书、合格证,看厂名、厂址、检验章、生产日期。
电线铜芯的横断面,优等品紫铜颜色光亮、色泽柔和。

• 二要试。将电线头反复弯曲,手感柔软、塑料或橡胶手感弹性大、电线绝缘体上无龟裂就是优等品。
电线外层塑料皮用打火机点燃应无明火,非正规产品能点燃明火。

4. 电线选择

电线选用有长城标志的国标铜芯电线,正规电线每卷的长度是 100 米。

• 铜芯电线:电线导电性能要好,铜芯电线是家装中选用最多的一种。

• 选负载能力强的电线:电线的负载能力不强,易使电线因为高温而燃烧,导致火灾。

• 主线一般是 $6\sim10\ mm^2$。主线必须用大功率电线,因为主线负载着各个电器的电荷量。

二、弱电线

1. 弱电线的概念

工作电压低于 36 V 的线都叫作弱电线,主要包括家装用到的网络线、电话线、音箱线、音频线等。

2. 网络线

网络线(见图 1-14)有很多种规格,分为三类线、四类线、五类线、超五类线、六类线和超六类线。
五类线带宽 10 MB,超五类线 100 MB,六类线 150～1000 MB,现在超五类线用得较多。

图 1-14

3. 电话线、音箱线

电话线(见图 1-15)用于室内电话通信电缆系统布线之间的连接,用于传真和数字电话。
音箱线(见图 1-16)用于连接功放与音箱,因为信号幅度很大,这类线往往没有屏蔽层。

图 1-15

图 1-16

三、黄腊管

黄腊管是以无碱玻璃纤维编织而成，并涂以聚乙烯树脂经塑化而成的电气绝缘漆管（见图 1-17）。黄腊管具有良好的柔软性、弹性、绝缘性和耐化学性，适用于电机、电器、仪表、无线电等装置的布线绝缘和机械保护。家装中一般过梁柱用黄腊管，天花板灯线因为开不了深槽，可用黄腊管保护。

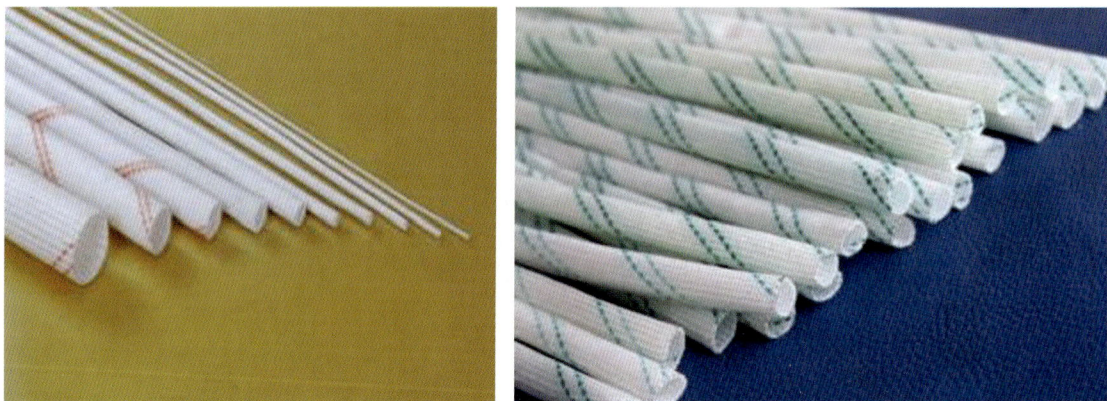

图 1-17

黄腊管一般以白色为主，主要原料是玻璃纤维，通过拉丝、编织、加绝缘清漆后制成。在布线（网络线、音频线等）过程中，如果需要穿墙，或者暗线经过梁柱的时候，导线需要加护和防拉伤，就需要用到黄腊管。

四、PVC 电线套管

PVC 线管全称"建筑用绝缘电工套管"。PVC 线管是一种白色的硬质 PVC 管（见图 1-18 和图 1-19），防腐蚀、防漏电。

1. 电线套管的作用和优点

- 保护电线的绝缘层（防止腐蚀和受潮）；
- 阻燃（线管是用阻燃材料做的，电线发生了漏电或短路的现象，也不会燃烧）；
- 易施工（方便施工，相应的强弱电距离间隔规范）；

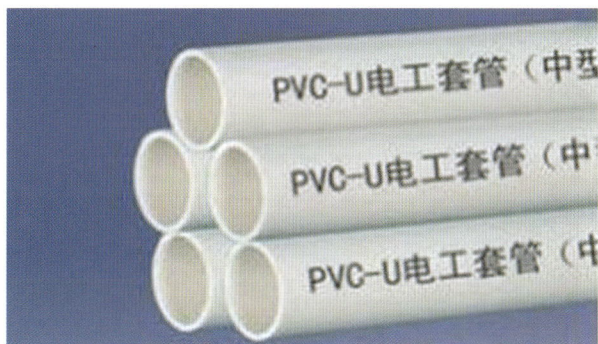

图 1-18

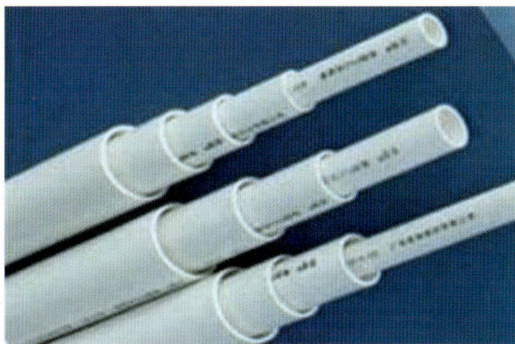

图 1-19

- 线管尺寸：插座室内主线用 6 分管,照明用 4 分管;
- PVC 线管具有价格便宜、施工方便、不易生锈等优点。

2. 电线套管质量鉴别

火点线管,撤离火源,看是否能自熄。将线管弯曲 90 度,弯曲后看外观是否光滑。敲击管子变形,无裂缝为合格。

3. 电线套管的使用

线管尺寸：插座、室内主线用六分管,照明用四分管。

电线使用中会发热,电线在线管里,可以解决散热问题。线管里的电线不得超过线管空间的 40%,就是为了确保电线在使用过程中能够正常散热。若线管里电线所占空间超出 40%,热量散不了,易造成短路,引发火灾。

五、开关、插座、底盒

1. 开关

开关的品牌和种类很多,按启闭形式可分为扳把式、跷板式、纽扣式、触摸式和拉线式等多种;按额定电流大小可分为 6 A、10 A、16 A 等多种;按照使用用途分,室内装修常用的有单控开关、双控开关和多控开关;按照开关的装配形式分单联开关、双联开关和三联开关(见图 1-20)。

图 1-20

2. 插座

带开关的两孔和三孔插座如图 1-21 所示。

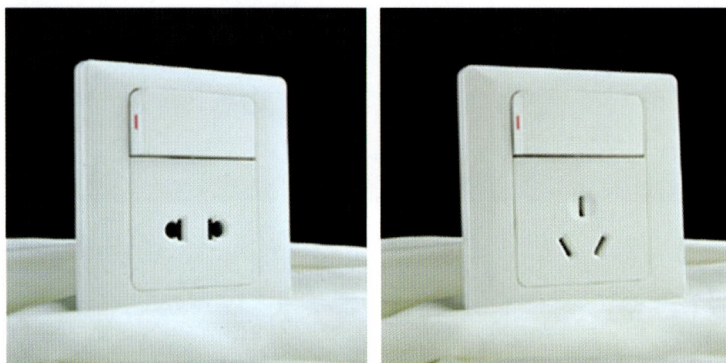

图 1-21

二三插座及带开关的二三插座如图 1-22 所示。

图 1-22

空调插座及带保护盒的防水插座如图 1-23 所示。

图 1-23

地插如图 1-24 所示。大功率空调插头和插座如图 1-25 所示。

电话插座如图 1-26 所示。网络插座如图 1-27 所示。

单孔、双孔电视插座分别如图 1-28 和图 1-29 所示。

图 1-24

图 1-25

图 1-26

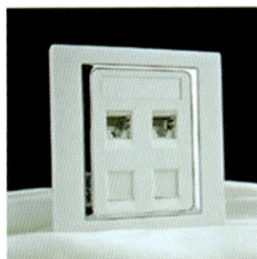

图 1-27

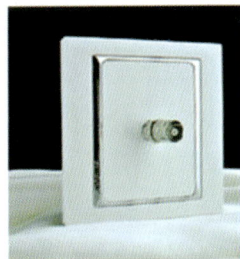

图 1-28

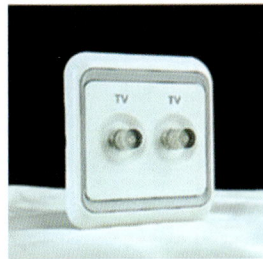

图 1-29

3. 底盒

底盒就是插座或开关后面,埋在墙里面的盛电线的塑料盒。底盒以外形尺寸可以分为三种——86 型(见图 1-30)、118 型(见图 1-31)、120 型,此三种都有相应的国家标准。86 型开关、插座正面一般为 86 mm×86 mm 的正方形。

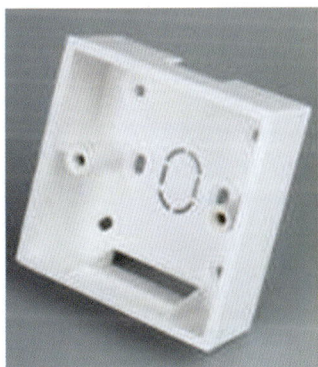

图 1-30

图 1-31

底盒材料一般为 PC 或者 PVC 材料,性能上分为防火型与阻燃型。底盒是电线接头最多的地方,要选用符合国家标准的,否则易软化,这是极其危险的,存在很多隐患。

六、漏电保护器

1. 概述

漏电保护器(见图 1-32)又称漏电断路器、漏电开关,主要是用来对设备发生漏电故障时以及对有致命危险的人身触电的保护。它具有过载和短路保护功能,可用来保护线路或电动机的过载和短路。

2. 选用

(1)漏电保护器的额定电压和额定电流应不小于电路正常工作电压和工作电流。

(2)漏电保护器是国家规定必须进行强制认证的产品。

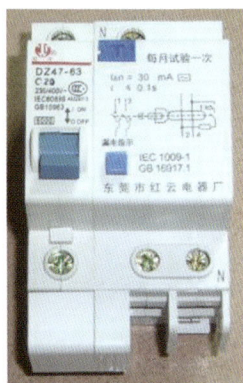

图 1-32

3. 主要动作性能参数

漏电保护器的主要动作性能参数有额定漏电动作电流、额定漏电动作时间、额定漏电不动作电流,其他参数还有电源频率、额定电压、额定电流等。

如某漏电保护器的参数如下:

20 A:额定工作电流,工作时能通过漏电保护器的电流为 20 A。

220 V:额定工作电压,漏电保护器所接的电源电压为 220 V。

额定漏电动作电流 30 mA:漏电 30 mA 时跳闸。

额定漏电不动作电流 15 mA:漏电 15 mA 时不跳闸。

漏电分断时间<0.1 s:从发现漏电到跳闸的时间小于 0.1 s。

七、其他电路改造设备

其他电路改造设备还有配电箱(见图 1-33)、电表(见图 1-34)、断路器(见图 1-35)等。

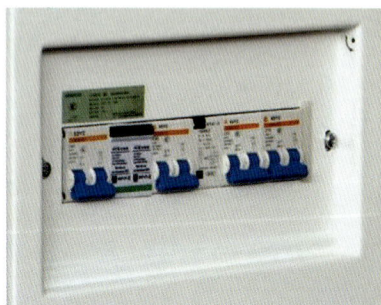      

图 1-33　　　　　　　　　　图 1-34　　　　　　　　图 1-35

两居室家庭配电箱应设一个双极(2P)总闸、七个双极(2P)分闸。七个分闸分别控制:①全部照明;②房间插座;③厨房插座;④卫生间插座;⑤居室 1 空调插座;⑥居室 2 空调插座;⑦客厅空调插座。

第四节
电路改造施工工艺

1. 材料及设备的准备

电路改造需准备的材料和设备除前文提到的切割机、电锤、卷尺、墨斗外,还应准备线管握弯器(见图 1-36)和钢锯(见图 1-37)等。

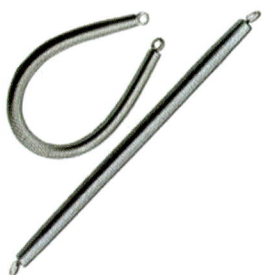

图 1-36 　　　　　　　　　　　　　 图 1-37

2. 弹线开槽

要求开的槽宽 30 mm,深度 50 mm 左右(见图 1-38)。

图 1-38

3. 电线管敷设

将电线管埋入砖墙内,与其表面的距离不应小于 15 mm,管道敷设要横平竖直,电线管的弯曲半径(暗埋)不应小于管子外径的 10 倍(见图 1-39)。

电源插座高度 300 mm,分体式空调机插座高度可在(1800±50) mm,电视柜等特殊位置插座高度可在 800 mm,开关板高度 1300～1400 mm,安装在门边的开关与门框企口宜为 150～200 mm。

4. 安装电线

电线布线原则:左零右火,上火下零。L 火线用红色或是棕色线,N 零线用蓝色或是白色线,E 地线用黄绿相间的线(见图 1-40)。

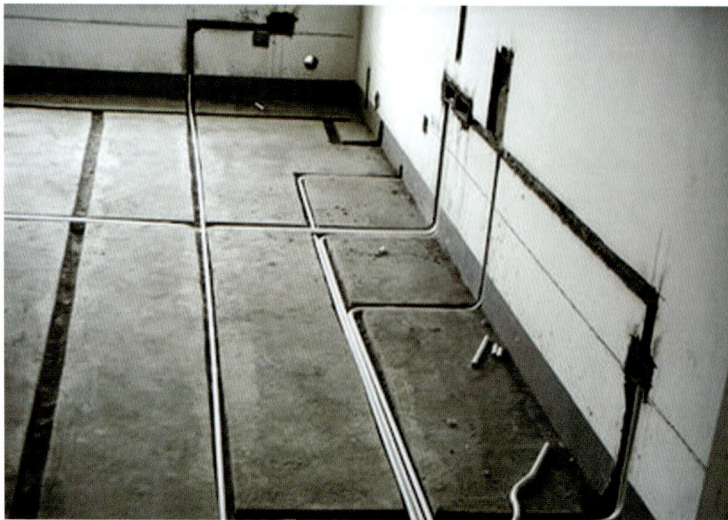

图 1-39

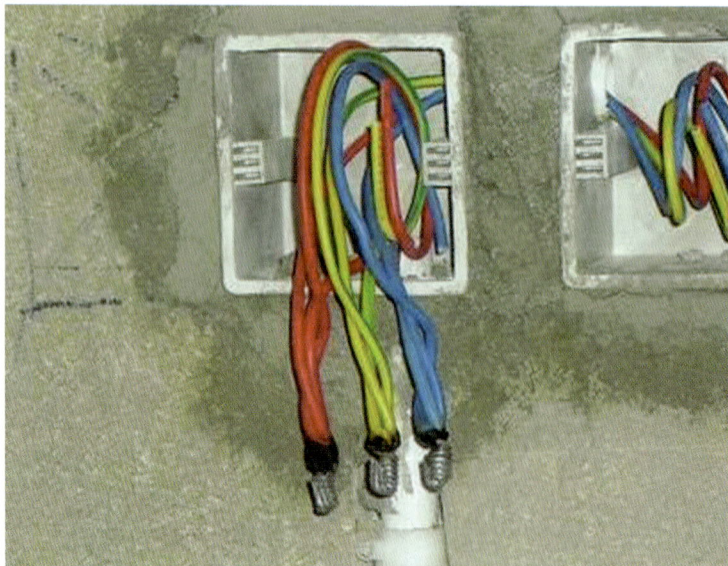

图 1-40

第五节
防水施工工艺

卫生间做防水，标准的要求是地面需要全做，一般情况下淋浴区墙面的防水层至少 1800 mm 高，其他墙面 500 mm 高。

1. 基层表面清理和找平

在防水施工前，要做好墙体的基层处理，要确保表面坚实，无粉化、脱皮、起鼓等现象，基层表面必须清洁、无灰尘。地面先用水泥砂浆找平(见图 1-41),对于阴阳角,必须用水泥砂浆抹成圆角。

图 1-41

2. 涂刷防水层

刷涂料要严格按照"横竖横"的垂直方式刷,防水剂应该在一般位置刷两次,即第二遍涂刷方向与第一遍涂刷方向垂直。不允许暴露刷子或砂眼。地漏、排水管部分,防水涂料需涂刷入管道,深度 80 mm,卫生间入口处的防水范围需要扩大到室内 300 mm 左右,以防止潮湿和漏水。

聚氨酯防水涂料如图 1-42 所示。

图 1-42

3. 蓄水试验

蓄水试验需要密封门和喷嘴,然后使水在房间内达到一定的液位(见图1-43)。蓄水深度不得小于20 mm,蓄水时间不得小于24 小时。

图 1-43

4. 防水保护层

铺设水泥砂浆保护防水层,避免后续施工对防水层产生破坏(见图1-44)。

图 1-44

5. 防水验收

第一次检验的是防水涂层是否涂抹均匀和完善,第二次蓄水试验检验的是后续工序是否破坏防水层。

第二章
吊顶材料与施工工艺

第一节
吊 顶 作 用

（1）吊顶是为了弥补原建筑的结构不足。要是空间层高过高，会让空间显得很空旷，就可以用吊顶来降低高度。如果层高过低，也可以通过吊顶进行处理，利用视觉的误差，使房间"变"高。有些住宅原建筑房顶的横梁、暖气管道露在外面很不美观，可以通过吊顶掩盖以上不足，使顶面整齐有序而不杂乱。

（2）吊顶能增强装饰效果。可以采用造型丰富的吊顶，增强视觉感染力，使顶面处理富有个性，从而体现独特的装饰风格。

（3）吊顶可以让室内光源有层次感，达到良好的照明效果。有些住宅原建筑照明线路单一，照明灯具简陋，无法创造好的光照环境。吊顶可以将许多管线隐藏，还可以预留灯具安装部位，能产生点光、线光、面光相互辉映的光照效果，使室内增色不少。

（4）隔热保温。顶楼的住宅如无隔温层，夏季时阳光直射房顶，室内如同蒸笼一般，可以通过吊顶加一个隔温层，起到隔热降温的功用。冬天，它又成了一个保温层，使室内的热量不易通过屋顶流失。

（5）分隔空间。吊顶是分隔空间的手段之一，通过吊顶，可以使原来层高相同的两个相连的空间变得高低不一，从而划分出两个不同的区域。如客厅与餐厅，通过吊顶分隔，既使两部分分工明确，又使下部空间保持连贯、通透，一举两得。

第二节
吊顶主要类型

一、按形状划分

1. 平面式

平面式吊顶是指表面没有任何造型和层次，这种顶面构造平整、简洁、利落大方，材料也较其他的吊顶形式更为节省，适用于各种居室的吊顶装饰（见图 2-1）。

2. 凹凸式

凹凸式吊顶（通常叫造型顶）是指表面具有凹入或凸出构造的一种吊顶形式，这种吊顶造型复杂、富于变化、层次感强，适用于客厅、门厅、餐厅等顶面装饰（见图 2-2）。它常常与灯具（吊灯、吸顶灯、筒灯、射灯等）搭接使用。

图 2-1

图 2-2

3. 悬吊式

悬吊式是将各种板材、金属、玻璃等悬挂在结构层上的一种吊顶形式(见图 2-3)。这种天花富于变化和动感,给人一种耳目一新的美感,常用于宾馆、音乐厅、展馆、影视厅等吊顶装饰,常通过各种灯光照射产生出别致的造型,充满光影的艺术趣味。

图 2-3

4. 井格式

井格式吊顶是利用井字梁因形利导或为了顶面的造型所制作的假格梁的一种吊顶形式(见图 2-4)。井格式吊顶配合灯具以及单层或多种装饰线条进行装饰,丰富天花的造型或对居室进行合理分区。

图 2-4

5. 玻璃式

玻璃顶面是利用透明、半透明或彩绘玻璃作为室内顶面的一种形式(见图 2-5),这种形式主要是为了采光、观赏和美化环境,可以做成圆顶、平顶、折面顶等形式。玻璃顶面给人以明亮、清新、室内见天的神奇感觉。

图 2-5

二、按材料划分

1. 轻钢龙骨吊顶

轻钢龙骨顶棚(见图 2-6)按吊顶的承载能力可分为上人吊顶和不上人吊顶。不上人吊顶只承受吊顶本身的质量,龙骨断面一般较小。上人吊顶不仅要承受自身的质量,还要承受人员走动的荷载,一般可承受 $80\sim100\ kg/m^2$ 的集中荷载,常用于大型公共场合顶棚工程。

图 2-6

2. 木龙骨吊顶

木龙骨吊顶是以木材作为龙骨架形成的一种吊顶方式(见图 2-7)。该吊顶普遍用于家庭局部吊顶,防火、防水性能较差,容易变形。

图 2-7

3. 铝扣板吊顶

铝扣板是以铝合金板材为基底,通过开料、剪角、模压制造而成。铝扣板表面使用各种不同的涂层加工得到各种铝扣板产品。铝扣板吊顶如图 2-8 所示。

图 2-8

4. 玻璃吊顶

玻璃吊顶是以玻璃为原材料配以木龙骨骨架构成的一种吊顶形式(见图 2-9)。其固定方法主要有两种。方法一:胶贴法,顶面用龙骨打底,在龙骨上封结合层,常用九厘板,找平后再粘玻璃。方法二:造型压条法,用细木工板做造型后把玻璃放上去,也可用木线条做压条把玻璃固定。

5. 软膜天花吊顶

软膜天花是一种新型的室内吊顶材料,采用特殊的聚氯乙烯材料制成,具有良好的耐燃(难燃)、耐寒

图 2-9

（低温状态下也有良好的柔韧性）、防霉菌、无毒、耐磨、防静电等性能。软膜天花以其柔软的特质，改变了传统吊顶材料的局限性，其丰富的色彩、多样的造型、简单的维护、快捷的安装，让有限的空间展现无限魅力（见图 2-10）。

图 2-10

6. 木质吊顶

木质吊顶如图 2-11 所示。

图 2-11

7. 格栅吊顶

格栅吊顶主要是指采用格栅板进行吊顶安装的一种吊顶设计(见图 2-12),灯具等可装在天花内,广泛应用于大型商场、餐厅、酒吧、候车室、机场、地铁等场所,大方美观、历久如新。

图 2-12

8. 矿棉板吊顶

矿棉板吊顶主要是指采用矿棉板进行吊顶安装的一种吊顶设计(见图 2-13)。矿棉板是以矿物纤维棉为主要原料,加入其他添加剂,经过高压成型,然后干燥切割而成的吊顶装饰板材,它的防火和吸音的功能很好,所以在办公场所等需要隔音的吊顶中多选择它作为主要材料。

图 2-13

9. GRG 吊顶

GRG 吊顶主要是指采用 GRG 进行吊顶安装的一种吊顶设计(见图 2-14)。GRG(glassfiber reinforced gypsum,玻璃纤维增强石膏成型品)是一种特殊改良玻璃纤维石膏装饰材料,造型多样,可以抵御外部环境造成的破损、变形和开裂。

图 2-14

第三节
吊 顶 材 料

1. 轻钢龙骨组件

目前市场上常见的轻钢龙骨吊顶的型号有：

38 系列：主龙骨 38 mm×12 mm×1.0 mm,副龙骨 50 mm×19 mm×0.5 mm。

50 系列：主龙骨 50 mm×15 mm×1.2 mm,副龙骨 50 mm×19 mm×0.5 mm 或 50 mm×20 mm×0.6 mm。

60 系列：主龙骨 60 mm×27 mm×1.2 mm,副龙骨 60 mm×27 mm×0.6 mm。

轻钢龙骨构架图如图 2-15 所示。

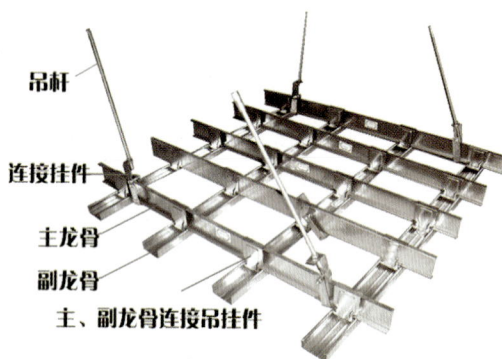

图 2-15

相关配件有膨胀螺栓(见图 2-16)、膨胀管(见图 2-17)、膨胀帽(见图 2-18)、吊杆(见图 2-19)、吊件(见图 2-20)、主次龙骨连接件(见图 2-21)等。

图 2-16

图 2-17

图 2-18

图 2-19

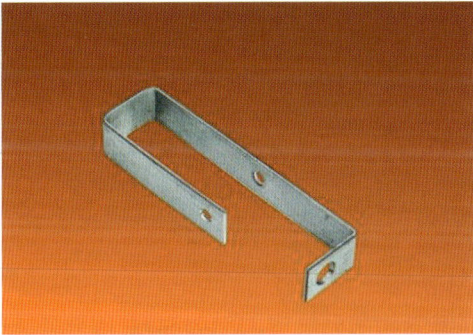

图 2-20

图 2-21

C 型龙骨如图 2-22 所示。

C50主龙骨　　　　C50副龙骨　　　　C50边龙骨

C60主龙骨　　　　C60副龙骨　　　　C60边龙骨

图 2-22

卡式龙骨如图 2-23 所示。

图 2-23

2. 纸面石膏板

纸面石膏板(见图 2-24)是以建筑石膏为主要原料,掺入适量添加剂与纤维做板芯,以特制的板纸为护面,经加工制成的板材。纸面石膏板具有重量轻、隔声、隔热、加工性能强、施工方法简便等特点。纸面石膏板规格有 1220 mm×2440 mm,还有 3000 mm×1220 mm,厚度有 0.95 cm、1.2 cm。

3. 硅酸钙板

硅酸钙板(见图 2-25)是以无机矿物纤维或纤维素纤维等松散短纤维为增强材料,以硅质-钙质材料为主体胶结材料,经制浆、成型,在高温高压饱和蒸汽中加速固化,形成硅酸钙胶凝体而制成的板材。它防火,防潮,隔音,防虫蛀,耐久性较好,是一种具有优良性能的新型建筑和工业用板材。

图 2-24

图 2-25

4. 木龙骨材料

木龙骨俗称为木方,主要由松木、椴木、杉木等树木加工成截面为长方形或正方形的木条(见图 2-26)。木龙骨目前仍然是家庭装修中最常用的骨架材料,根据使用部位来划分,可以分为吊顶龙骨、隔墙龙

图 2-26

骨、铺地龙骨以及悬挂龙骨等。木龙骨最大的优点就是价格便宜且易施工。但木龙骨自身也有不少问题，比如易燃、易霉变腐朽。在作为吊顶和隔墙龙骨时，需要在其表面刷上防火涂料。在作为实木地板龙骨时，则最好进行相应的防霉处理，因为木龙骨比实木地板更容易腐烂，腐烂后产生的霉菌会使居室产生异味，并影响实木地板的使用寿命。

木龙骨选择要点：

(1)新鲜的木龙骨略带红色，纹理清晰，如果其色彩呈现暗黄色、无光泽，则说明是朽木。

(2)看所选木方横截面的规格是否符合要求，头尾是否光滑均匀，不能大小不一。同时木龙骨必须平直，不平直的木龙骨容易引起结构变形。

(3)要选木疤节较少、较小的木龙骨，如果木疤节大且多，螺钉、钉子在木疤节处会拧不进去或者钉断木方，容易导致结构不牢固。

(4)要选择密度大、深沉的木龙骨，可以用手指甲抠抠看，好的木龙骨不会有明显的痕迹。

木龙骨常用尺寸主要有 300 mm×300 mm 和 400 mm×400 mm。

5. 型钢骨架材料

室内装饰中一些重量较大的棚架、支架、框架需要用型钢材料作为骨架，常用的有槽钢、角钢、扁钢和圆管钢。

(1)槽钢(见图 2-27)。

槽钢一般作为钢骨架的梁，受垂直方向力的作用。槽钢的受力特点是：承受垂直方向力和纵向压力的能力较强，承受扭转力矩的能力较差。常用的槽钢产品为热轧普通槽钢，被广泛用于屋架、桁架、钢架、墙架、龙骨等。

(2)角钢(见图 2-28)。

角钢的应用较广泛，一般作为钢骨架的支撑件，也可作为承重较轻的梁架。角钢的受力特点是：承受纵向压力、拉力的能力较强，承受垂直方向力和扭转力矩的能力较差。角钢有等边角钢和不等边角钢两个系列。常用的角钢产品为热轧等边角钢和热轧不等边角钢。

图 2-27

图 2-28

6. 铝扣板吊顶组件

铝扣板是以铝合金板材为基底,通过开料、剪角、模压制造而成,铝扣板表面使用各种不同的涂层加工得到各种铝扣板产品。

铝扣板吊顶组件如图 2-29 所示。

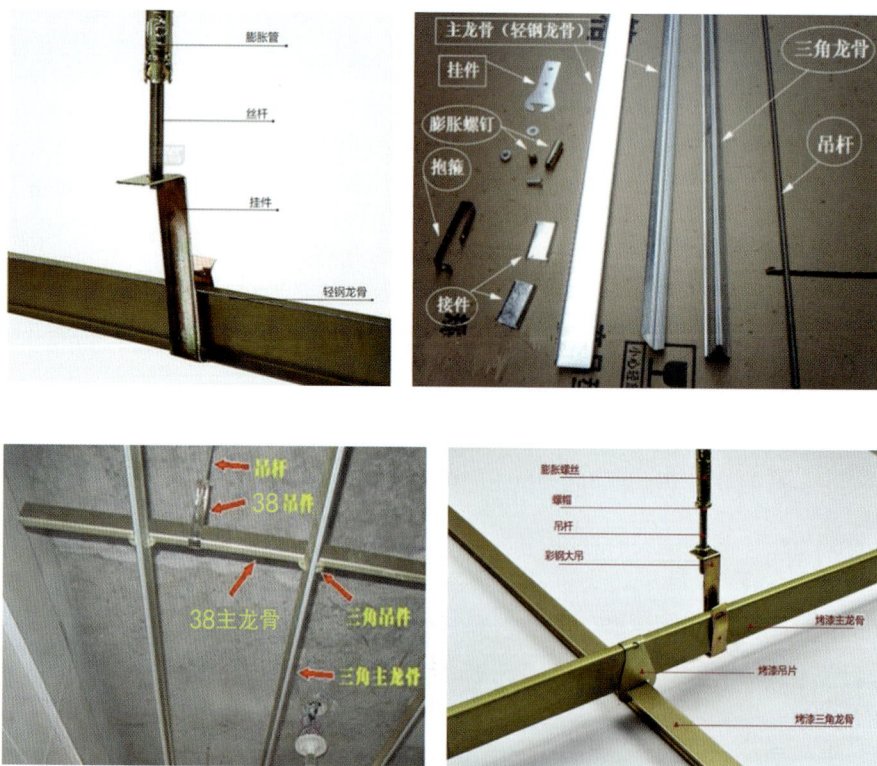
图 2-29

7. 软膜天花组件

软膜吊顶示意图如图 2-30 所示。其中,扁码(H 码)龙骨、双扣码(M 码)龙骨、F 码龙骨如图 2-31 所示。

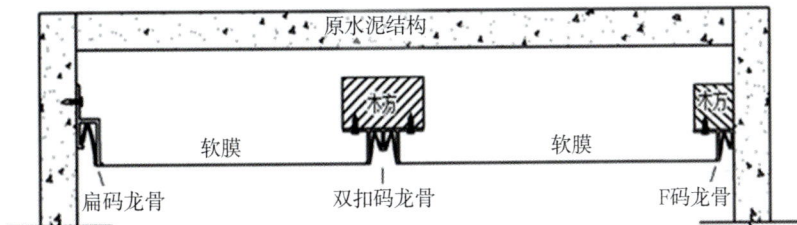

图 2-30

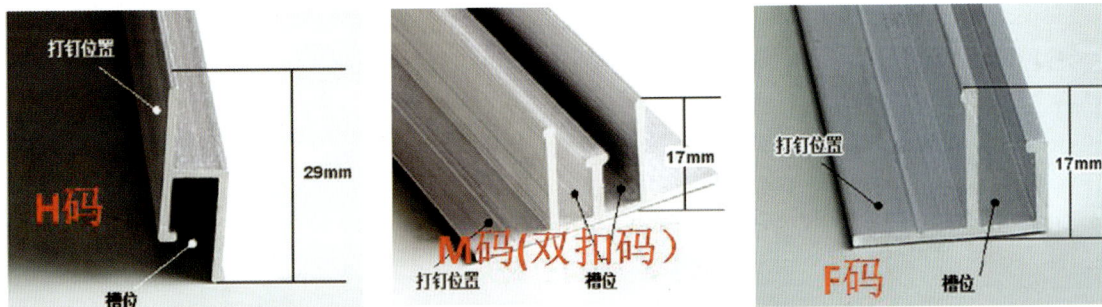

图 2-31

第四节
轻钢龙骨石膏板吊顶施工工艺

(1)弹线。

顶面弹线要在墙面上弹出吊顶标高线,依据设计标高线沿墙面四周弹线,作为顶面安装的标准线,允许误差 5 mm。

(2)切割龙骨。

切割龙骨示意图如图 2-32 所示。

(3)钻孔。

施工要点如下:

①沿着弹好的标高标准线上方平面开凿,钻孔不宜过深。尽量避免墙体承重钢筋,防止对墙体承重结构的使用安全产生不必要的影响。

②顶部的孔眼要垂直,而且深度要略大于平面钻眼。

(4)打木锲。

施工要点如下。

①注意要使用比钻孔稍微大一点的木锲,填充要坚实完整,这样作为固定点才能起到很好的承重天花板的作用。

②边龙骨和顶面龙骨的固定点间距以 400 mm 为宜。

图 2-32

（5）安装边龙骨。

（6）主龙骨、副龙骨的安装与固定。

①电钻打孔，并在孔内打入膨胀螺栓。

②在膨胀螺栓上固定龙骨挂件。

③在挂件上挂上主龙骨。

④挂好主龙骨后，拧紧螺丝，在挂件上固定主龙骨（见图2-33）。

⑤采用专用的吊挂件连接副龙骨与主龙骨，如图2-34所示，连接好的效果如图2-35所示。

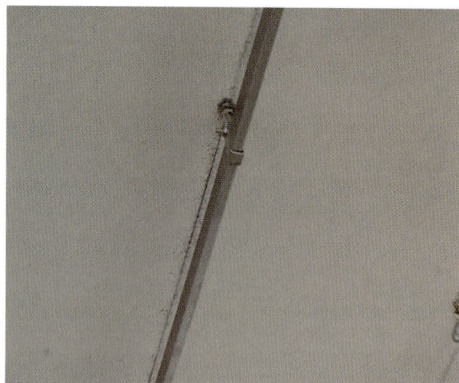

图 2-33

图 2-34

（7）安装龙骨连接件。

龙骨连接件与龙骨也同样依靠拉铆钉的连接方式进行连接。方法是先用电钻打眼，然后用专业工具拉出铆钉。

（8）安装石膏板面层。

因为一旦在龙骨上安装固定好了石膏板，再返工就会很麻烦，所以在安装石膏板前应该仔细检查顶面施工环节是否结束，水电管线铺设是否完成。

①分割石膏板（见图2-36）。

图 2-35

图 2-36

②安装石膏板面层。

将专用石膏板螺丝钉（见图2-37）用工具拧入龙骨，固定石膏板，螺钉应下沉0.2～0.5 mm。

石膏板的安装，板的长面与主龙骨呈十字交叉，也就是与副龙骨平行。余料要放在最后装。

板材与墙体之间应该留有3～5 mm的间隙，螺丝与板边的距离以15～20 mm为宜（见图2-38）。

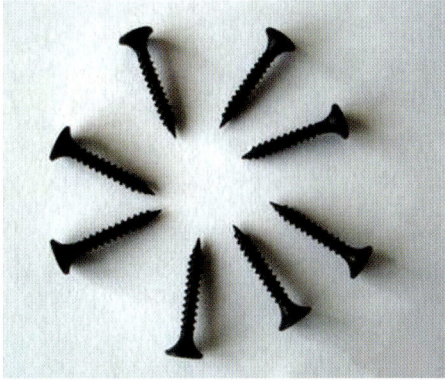

图 2-37

图 2-38

　　③安装好石膏板面板后,在钉眼处点上防锈油漆。这样做是为了防止日后螺钉生锈,锈斑导致钉眼处乳胶漆泛黄,影响美观。

Z

Zhuangshi Cailiao yu Shigong Gongyi

第三章

地面铺贴材料与施工工艺

第一节
墙、地砖的主要种类及选购

一、墙、地砖的主要种类

1.釉面砖

釉面砖是在砖的表面进行烧釉处理的砖,由底坯和表面釉层两部分构成,最常见。

釉面砖根据材质可分为陶质釉面砖和瓷质釉面砖(见图3-1)。陶质釉面砖采用陶土烧制而成,色泽偏红,空隙较大,强度较低,吸水率较高,在装饰工程中采用较少。瓷质釉面砖采用瓷土烧制而成,色泽灰白,质地紧密,强度较高,吸水率较低,在装饰工程中采用较多。

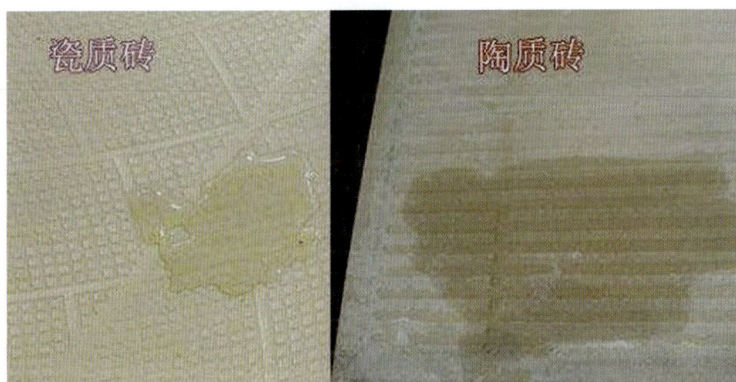

图 3-1

釉面砖根据反光分为亮光釉面砖和亚光釉面砖(见图3-2)。亮光釉面砖适合于干净的效果,亚光釉面砖适合于时尚的效果。

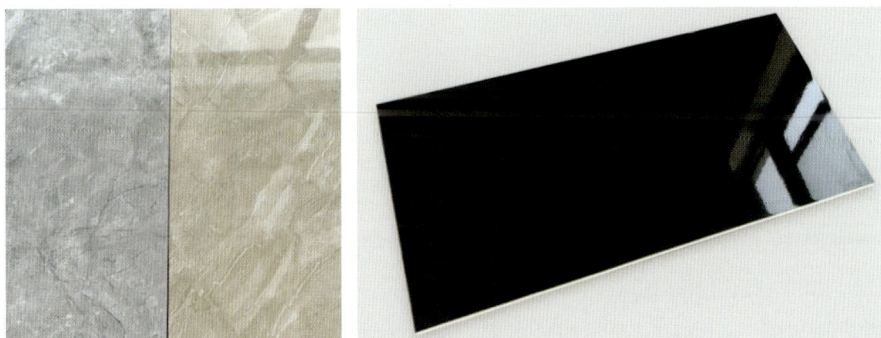

图 3-2

釉面砖是装修中最常见的砖种,由于色彩、图案丰富,而且防污能力强,被广泛使用于墙面和地面之中。

釉面砖的吸水率比较高,能够达到20%左右的吸水率。因为表面是釉料,所以耐磨性不如抛光砖。

釉面砖常见的质量问题主要有两方面:

(1)龟裂。龟裂产生的根本原因是釉的热膨胀系数比坯的设计热膨胀系数大,冷却时釉的收缩大于坯体,釉会受拉伸应力,当拉伸应力大于釉层所能承受的极限强度时,就会产生龟裂现象。

(2)背渗。不管哪一种砖都吸水,当坯体过于疏松时,不仅吸水,还会有水泥污水渗透到表面。

釉面砖可分为正方形、长方形、踢脚线砖等品种。正方形釉面砖规格有100 mm×100 mm、152 mm×152 mm、200 mm×200 mm,长方形釉面砖规格有152 mm×200 mm、200 mm×300 mm、250 mm×330 mm、300 mm×450 mm,400 mm×800 mm等,常用的釉面砖厚度为5～12 mm。釉面砖适用空间:厨房、卫生间。

2. 通体砖

通体砖表面不上釉,正反面材质和色泽一致(通体一致),又称耐磨砖或防滑砖(见图3-3)。

图 3-3

通体砖特点:耐磨性和防滑性能优异;纹理和颜色较单调;易体现简约设计风格。

优点:防滑性好,硬度非常高,非常耐磨,在经过渗花技术这种工艺后的表现是非常出彩的,能做出各种仿石和仿木的图案效果。通体砖具有很好的防潮性,在厨房使用的时候,不会因为砖的质量而产生渗漏、不容易清洁的问题。

缺点:通体砖表面是比较粗糙的,虽然防滑,但砖的表面比较容易脏,一旦有灰尘落上去之后,就会导致砖表面的污垢堆积,所以要及时清理。

通体砖适用空间:过道、室外地面。

3. 抛光砖

抛光砖是在通体砖坯体的表面经过机械研磨、抛光,表面呈镜面光泽的陶瓷砖(见图3-4和图3-5)。

抛光砖厚度一般是10 mm、12 mm和15 mm不等,规格有400 mm×400 mm、600 mm×600 mm、800 mm×800 mm、900 mm×900 mm,1000 mm×1000 mm、1200 mm×1200 mm。

优点:抛光砖坚硬耐磨,且抛光砖可以做出各种仿石、仿木效果。

缺点:抛光砖抛光时会留下凹凸气孔,这些气孔会藏污纳垢,甚至一些茶水倒在抛光砖上都回天无力。

抛光砖适用范围:客厅、卧室等。

图 3-4

图 3-5

4. 玻化砖

玻化砖全名玻化抛光砖,也称全瓷砖,是抛光砖的升级产品(见图 3-6 和图 3-7)。玻化砖在通体砖的基础上加玻璃纤维经三次高温烧制而成,是瓷砖中最硬的一种,比釉面砖耐磨,抗油污性比抛光砖强。抛光砖与玻化砖的对比如图 3-8 所示。

图 3-6

优点:耐磨性能好,吸水率低,硬度大,可以任意切割、打磨,适用范围也比较广泛。

缺点:由于玻化砖的表面存在着微细气孔,因此这种材质的砖比较容易脏,但随着现代科技的发展,基

图 3-7

抛光砖与玻化砖的对比		
	抛光砖	玻化砖
特点	表面光洁 坚硬耐磨 豪华大气	表面光滑透亮 弯曲强度好 耐酸碱性
吸水率	高于0.5%	低于0.5%
强度	高	高
生产工艺	用黏土和石材的粉末经压机压制，经烧制而成	由石英砂、泥按照一定比例烧制而成，然后用专业磨具打磨光亮
施工注意	施工前需要泡水	施工前不需要泡水
防污度	易脏 不易清洁	耐脏
适用范围	阳台 外墙 客厅 卧室	厨房 卫生间 客厅
缺点	制作时留下的凹凸气孔，这些气孔会藏污纳垢，造成了表面很容易渗入污染物	色泽、纹理较单一，不够防滑。由于其吸水率过小，做墙砖时，容易出现空鼓及脱落现象
优点	无放射元素，无色差，抗弯曲强度大，砖体薄、重量轻	色调高贵、质感优雅、性能稳定，强度高、耐磨、吸水率低、耐酸碱、色差小

图 3-8

本上防污性能可以做到，只有一些普通的玻化砖可能还没有这样的技术。

玻化砖适用空间：客厅、卧室等。

5. 马赛克

马赛克学名陶瓷锦砖，最小，装饰性和防滑性好，用在厨房、浴室、游泳池以及地面或背景墙、台面等（见图 3-9 和图 3-10）。

马赛克分为陶瓷马赛克、玻璃马赛克、金属马赛克、大理石马赛克。

6. 抛釉砖

抛釉砖是在釉面瓷砖的基础上，在表面进行抛光处理后的瓷砖（见图 3-11）。抛釉砖所使用的釉料具有

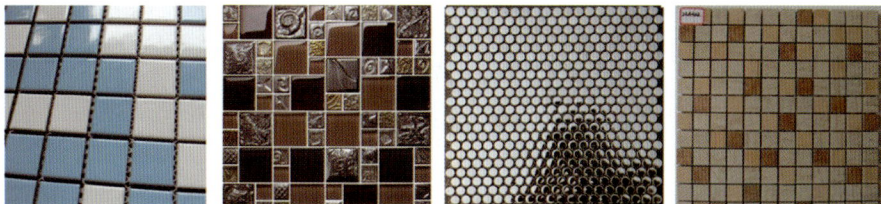

图 3-9

图 3-10

透明特点,对瓷砖表面的各种釉面丝毫不遮盖,在进行抛釉处理时只将釉面抛去一薄层。

图 3-11

抛釉砖的生产技术可分为两大类,一种是沿用微晶玻璃生产工艺,先对瓷砖进行印花处理,再来抛釉,这样生产出的抛釉砖表面釉层较厚,装饰更为立体,透明度高,易于加工处理。另外一种生产工艺则是沿用仿古砖技术,将抛釉砖内外的花色纹理均以机器印制,仿真效果显著,生产成本较低,但进行抛釉处理很容易出现露底现象。

7. 微晶石

微晶石(见图 3-12)是新型的装饰建筑材料,装饰效果好,价格高,是将一层 3~5 mm 的微晶玻璃复合在陶瓷玻化石的表面,经二次烧结后完全融为一体的高科技产品。微晶石厚度在 13~18 mm,光泽度大于 95。抛釉砖只是做了抛光处理,没有加玻璃。

优点:手感平滑舒适,吸水率极低,即使多种污秽浆泥、染色溶液也不易侵入渗透,而依附其表面的污物

图 3-12

也很容易清除擦净。

缺点:微晶石的表面玻璃质的东西居多,相对容易磨花,所以不适合铺在人流大的地面。由于微晶石的"零吸水"特性,清洁后难以干燥,加之表面光洁,所以容易打滑,因此在清洁后要有所注意。

微晶石适用空间:极其不耐磨,所以适合上墙,不适合铺在地面。

8. 抛晶砖

抛晶砖又称抛金砖,瓷砖上采取电镀工艺,呈金属质感,目前市场上多采用黄金色质感(见图 3-13)。家装少用,KTV 多用。

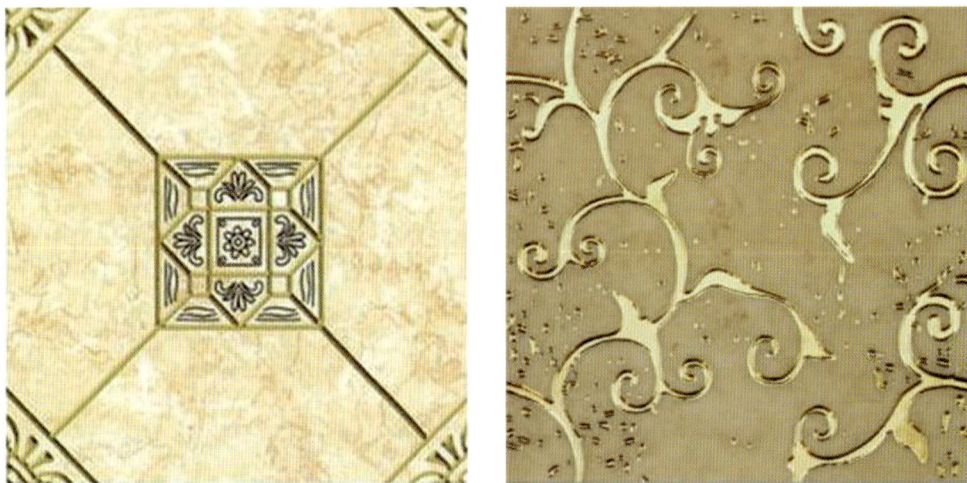

图 3-13

9. 仿古砖

仿古砖(见图 3-14)是从彩釉砖演化而来,实质上是上釉的瓷质砖。与普通的釉面砖相比,其差别主要表现在釉料的色彩上面。

仿古砖的规格通常有 300 mm×300 mm、400 mm×400 mm、500 mm×500 mm、600 mm×600 mm、300 mm×600 mm、800 mm×800 mm 等。厚度为 10 mm。

优点:复古时尚;由于尺寸小,可以在做拼花或铺贴效果上做各种造型;防滑防污。

图 3-14

缺点：不耐磨，硬度和亮度不如抛光砖。仿古砖因为上面覆盖一层釉，所以表面不易做倒角、磨边等细微工作，时间成本和工程量会变大。

仿古砖适用空间：客厅、卧室、阳台等。

二、墙、地砖的选购

（1）看外观。瓷砖的色泽要均匀，表面光洁度及平整度要好，周边规则，图案完整，从一箱中抽出四五片查看有无色差、变形、缺棱少角等缺陷。

（2）听声音。用硬物轻击，声音越清脆，则瓷化程度越高，质量越好。也可以左手拇指、食指和中指夹瓷砖一角，轻松垂下，用右手食指轻击瓷砖中下部，如声音清亮、悦耳为上品，说明瓷质含量高，如声音沉闷、滞浊为下品。

（3）滴水试验。可将水滴在瓷砖背面，看水散开后浸润的快慢，一般来说，吸水越慢，说明该瓷砖密度越大；反之，吸水越快，说明密度越小。其内在品质以前者为优。

（4）尺量。瓷砖边长的精确度越高，铺贴后的效果越好，买优质瓷砖不但容易施工，而且能节约工时和辅料。用卷尺测量每片瓷砖的大小，看有无差异，精确度高的为上品。

第二节
饰 面 石 材

饰面石材是指用于建筑物表面装饰的石材。饰面石材分天然饰面石材和人造饰面石材。

天然饰面石材主要有大理石、花岗石、青石、岩板等。

人造饰面石材以其强度大、装饰性好、耐腐蚀、耐污染、便于施工、价格低等优点，得到了广泛的应用。

一、大理石

大理石原指产于云南大理的白色带有黑色花纹的石灰岩,剖面可以形成一幅天然的水墨山水画,古代常选取具有成型的花纹的大理石来制作画屏或镶嵌画。

大理石是石灰岩和白云岩在高温、高压作用下矿物重新结晶和变质而成,主要矿物为方解石和白云石。

纯大理石为白色,称汉白玉,如在变质过程中混进其他杂质,就会出现不同的颜色与花纹、斑点。

大理石的主要成分为碳酸钙,空气和雨中所含酸性物质及盐类对它有腐蚀作用。除个别品种(如汉白玉、艾叶青等)外,它一般只用于室内。

大理石如图 3-15 所示。

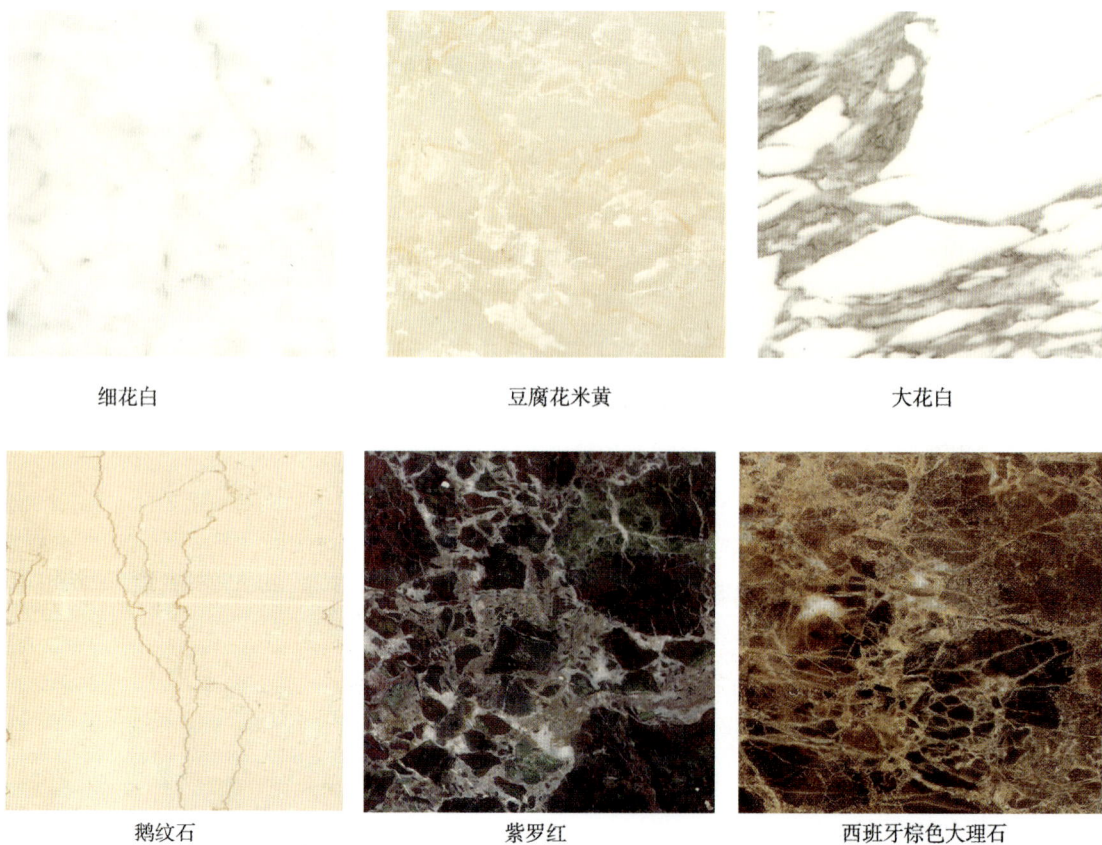

细花白	豆腐花米黄	大花白
鹅纹石	紫罗红	西班牙棕色大理石

图 3-15

1. 天然大理石的性能

优点:

①结构致密,抗压强度高,加工性好,不变形。

②装饰性好。

③吸水率小、耐腐蚀、耐久性好。

缺点：

①硬度较低。

②抗风化能力差。

③易变色。

2. 大理石的应用

（1）天然大理石板主要用于建筑物室内饰面，如地面、柱面、墙面、造型面、酒吧台侧立面与台面、服务台立面与台面、电梯间门口等。

（2）大理石磨光板有美丽多姿的花纹，常用来镶嵌或刻出各种图案的装饰品。

（3）天然大理石板还被广泛地用于高档卫生间的洗漱台面及各种家具的台面。

大理石的应用如图 3-16 所示。

图 3-16

二、花岗石

花岗石是花岗岩的俗称，它属于深成岩，是岩浆岩中分布最广的岩石，其主要矿物组成为长石、石英和少量云母及暗色矿物。花岗石为全结晶结构的岩石，优质花岗石晶粒细而均匀，构造紧密，石英含量多，长石光泽明亮。

商业上所说的花岗石是以花岗岩为代表的一类装饰石材，包括各种岩浆岩和花岗岩的变质岩，如辉长岩、闪长岩、辉绿岩、玄武岩、安山岩、正长岩等，一般质地较硬。

进口花岗石如图 3-17 所示。国产花岗石如图 3-18 所示。

黑金砂	603#白麻	巴西紫水晶
巴西红	633#白麻	加州金麻

图 3-17

G3535_G635	G3503_G603	G437西丽红	承德绿
G654角美	天山兰宝	浪花白	蓝眼睛
虎皮黄	幻彩麻	沙漠棕	g682

图 3-18

花岗石及其应用如图 3-19 和图 3-20 所示。

图 3-19

图 3-20

1. 花岗石的性能

优点：

①结构致密，抗压强度高。

②材质坚硬，耐磨性很强。

③孔隙率小，吸水率极低，抗冻性强。

④装饰性好。

⑤化学稳定性好，抗风化能力强。

⑥耐腐蚀性等耐久性很强。

缺点：

①自重大。

②硬度大。

③质脆，耐火性差。

④某些花岗岩含有微量放射性元素。

2. 花岗石的应用

天然花岗石属于高级建筑装饰材料，主要应用于大型公共建筑或装饰等级要求较高的室内外装饰工程。

一般镜面花岗石板材和细面花岗石板材表面光洁、光滑，质感细腻，多用于室内墙面和地面、部分建筑的外墙面装饰。

粗面花岗石板材表面质感粗糙、粗犷，主要用于室外墙基础和墙面装饰，有一种古朴、回归自然的亲切感。

三、人造石

人造石一般指人造大理石和人造花岗岩，以人造大理石的应用较为广泛。由于天然石材的加工成本高，现代建筑装饰业常采用人造石材。人造石材具有重量轻、强度高、装饰性强、耐腐蚀、耐污染、生产工艺简单以及施工方便等优点，因而得到了广泛应用。

人造石材按工艺过程可分为水泥型人造石材、树脂型人造石材、复合型人造石材、烧结型人造石材。目前在装饰工程中常用的人造石材品种主要是聚酯型人造石材。聚酯型人造石材是模仿大理石、花岗岩的表面纹理加工而成的，色泽均匀、结构紧密，耐磨、耐水、耐寒、耐热，但在色泽和纹理上不及天然石材美丽、自然、柔和。

人造石材如图 3-21 所示。

人造石材的应用如图 3-22 所示。

图 3-21

图 3-22

四、文化石

　　文化石又称艺术石,是再造石材,无论在质感上、色泽上还是纹理上均与真石无异,而且不加雕饰,富有原始、古朴的雅趣。

　　文化石是由硅酸盐水泥、轻骨料、氧化铁混合加工倒模而成。

　　文化石具有天然石材的优美形态与质感以及质量轻盈、施工简便等优点。艺术石应用于室内外墙面、户外景观等各种场合。

　　文化石如图 3-23 所示。

图 3-23

五、园林石

在公园或室外广场使用的石材称为园林石,园林石分为天然石和人为雕刻的工艺石。无石不成园,石头成为中国古典园林中最基本的造园要素之一,正是因为具备了象外之象、景外之景的生发能力,从而也成为园林意境营造的最佳要素。

它既是古典园林的工程建筑材料,也是重要的造景材料、装饰材料。人们通过对石头的巧妙利用和设置体现出中国园林独特的山水自然情趣,也营造出了独具华夏审美特色的园林意境(见图 3-24 至图 3-26)。

图 3-24

图 3-25

图 3-26

六、岩板

岩板，英文描述是 sintered stone，意思是"烧结的石头"，是由天然原料经过特殊工艺，借助万吨以上压机压制(超过 15 000 吨)，结合先进的生产技术，经过 1200 ℃以上高温烧制而成，能够经得起切割、钻孔、打磨等加工过程的超大规格新型瓷质材料。

岩板有 1800 mm×900 mm、2400 mm×1200 mm、2600 mm×800 mm、2600 mm×1200 mm、760 mm×2550 mm、2700 mm×1600 mm、3200 mm×1600 mm、3600 mm×1600 mm 等规格，厚度有 6 mm、9 mm、11 mm、12 mm、15 mm、20 mm。

作为一种新型材料，对比其他传统材料，岩板有以下优势：

(1)安全卫生：能与食物直接接触，纯天然选材，100％可回收，无毒害、无辐射的同时，又全面考虑人类可持续发展的需求，健康环保。

(2)防火、耐高温：直接接触高温物体不会变形，A1 级防火性能的岩板，遇到 2000 ℃的明火不产生任何物理变化(收缩、破裂、变色)，也不会散发任何气体或气味。

(3)抗污性好：万分之一的渗水率是人造建材界的一个新指标，污渍无法渗透的同时也不给细菌滋生的空间。

(4)耐刮磨：莫氏硬度超过 6，能够抵御剐蹭和刮擦。

(5)耐腐蚀：耐抗各种化学物质，包括溶液、消毒剂等。

(6)易清洁：只需要用湿毛巾擦拭即可清理干净，无特殊维护需求，清洁简单快速。

七、石材的选购

(1)天然石材的选购(包括大理石和花岗石)：
①看内在的质地；
②看石材外观；
③检查石材的放射性。
(2)人造石的选购：看耐油污性能、耐磨性。
(3)文化石的选购：看天然特性、厚度、平整度。

第三节
木　地　板

一、名贵木材的种类及应用

木材(见图 3-27)的应用具有悠久的历史，它具有便于就地取材、容易加工、施工方便、装饰性强等优点，在民用建筑中广泛应用。尤其是实木自然环保、纹理优美、有特殊气味,名贵木材具有一定保健作用。但木材还有易变形、易腐蚀、防火性能差等缺点。

图 3-27

　　树木种类繁多,一般按照树种分为针叶树和阔叶树两种。针叶林如图 3-28 所示。阔叶林如图 3-29 所示。

图 3-28

图 3-29

　　针叶树一般纹理通直,材质较松,易于加工,也称为软材。在建筑装饰工程中使用到的针叶类树木主要有红松(见图 3-30)、白松、马尾松、落叶松、杉木(见图 3-31)、柏木等。

图 3-30

图 3-31

阔叶树主要生长在南方，包括水曲柳（见图 3-32）、柞木、香樟、桦木、杨木、楠木（见图 3-33）等。质地坚硬、纹理美观是阔叶树材的特点。

图 3-32

图 3-33

木材应用如图 3-34 所示。

原木　　　　　　　　　　　　　　　木皮

图 3-34

1. 紫檀木

紫檀木产于亚热带地区,如印度等东南亚地区,我国云南、两广等地有少量出产。紫檀木入水即沉,木材有光泽,具有香气,心材鲜红色或橘红色,久露于空气后变紫红褐色,纹理纤细浮动、变化无穷,结构致密,耐腐、耐久性强,材质硬重、细腻。

紫檀木同时也是名贵的药材,用它做成的椅子、沙发还有疗伤的功效。

紫檀木制作的家具如图 3-35 所示。

图 3-35

2. 黄花梨

黄花梨如图 3-36 所示。

图 3-36

3. 酸枝木

酸枝木如图 3-37 所示。

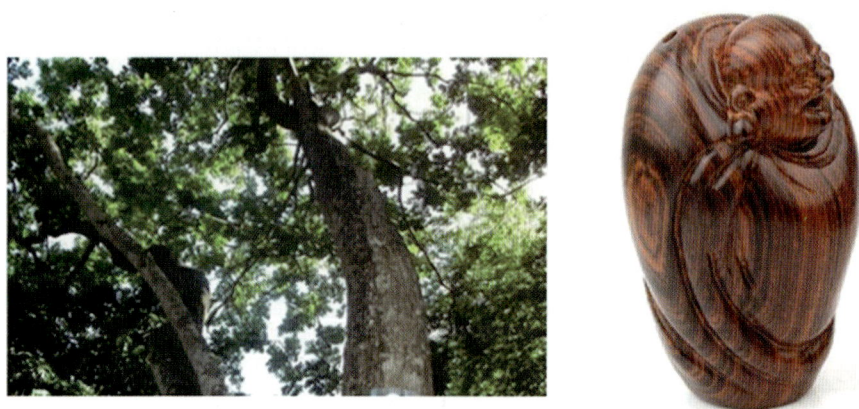

图 3-37

4. 花梨木

花梨木如图 3-38 和图 3-39 所示。

图 3-38

图 3-39

5.鸡翅木

鸡翅木如图 3-40 所示。

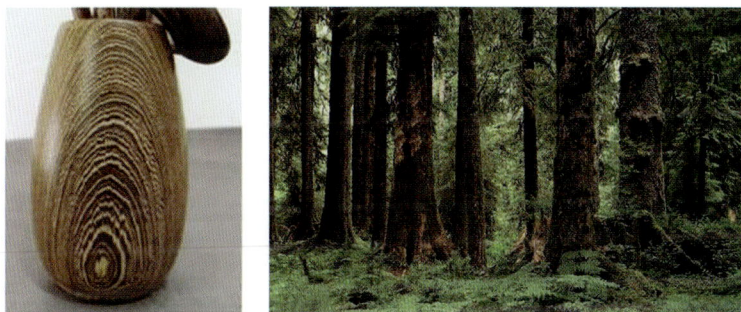

图 3-40

各种木材纹理如图 3-41 所示。

| 榆木 | 榉木 | 橡木 | 楠木 | 水曲柳 | 紫檀木 | 松木 |

图 3-41

二、木地板的种类及应用

木地板本色自然,具有亲切感,更适合空间的设计要求。

木地板的保养和养护比瓷砖麻烦,一般与瓷砖混合应用。

木地板如图 3-42 所示。

图 3-42

1. 实木地板

实木地板大多采用大自然中的珍贵硬质木材品种烘干后加工而成,是真正天然环保的产品。目前市场上销售的实木地板大部分是进口木材。

实木地板自然美观、脚感舒适、冬暖夏凉,给人温馨舒适之感。

实木地板如图 3-43 所示。

图 3-43

实木地板可分为素板和漆板两种,如图 3-44 所示。

图 3-44

实木地板接边处理分平口、单企口、双企口(见图 3-45),目前常用的是单企口。

实木地板的缺点为:价格较贵,安装工艺复杂、施工费用较高,日常养护相当麻烦。

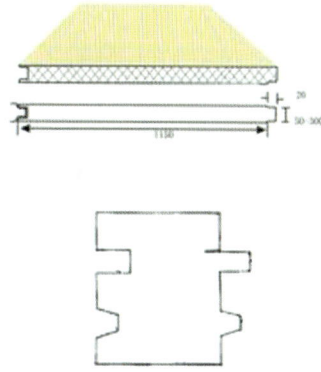

图 3-45

实木地板及实木地板装饰效果如图 3-46 所示。

图 3-46

典型实木地板产品如图 3-47 所示。

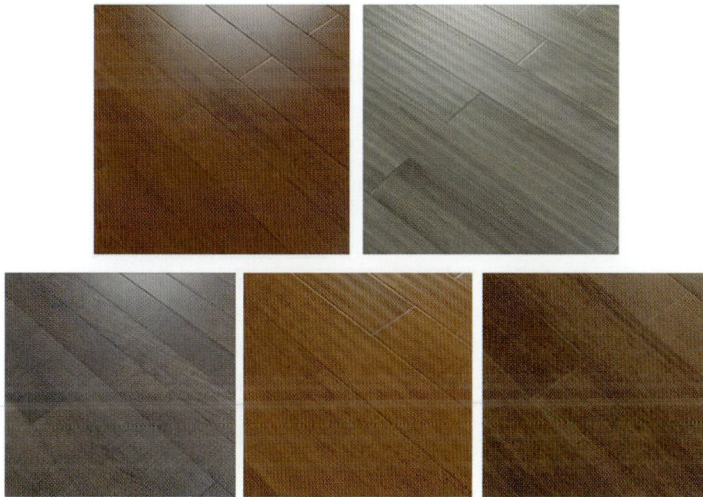

图 3-47

2. 强化木地板

强化木地板又称复合木地板,它是在原木粉碎基础上,添加胶、防腐剂、添加剂后,经热压机高温高压压制处理而成(见图 3-48)。

图 3-48

强化木地板由耐磨层、装饰层、基层、平衡层组成,如图 3-49 所示。

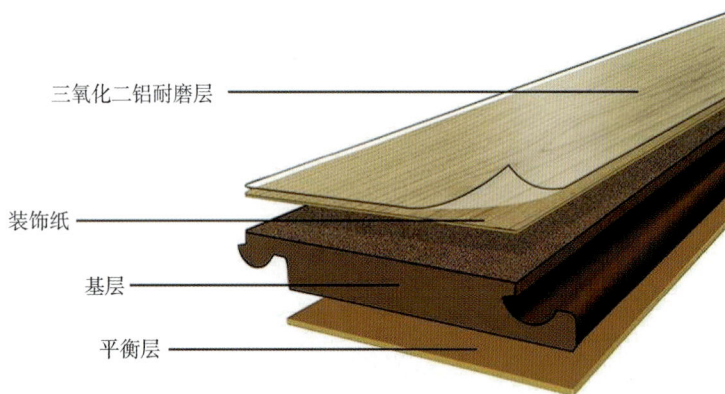

三氧化二铝耐磨层

装饰纸

基层

平衡层

图 3-49

第一层:耐磨层,主要由 Al_2O_3(三氧化二铝)组成,有很强的耐磨性和硬度,一些由三聚氰胺组成的强化木地板无法满足标准的要求。

第二层:装饰层,是一层经密胺树脂浸渍的纸张,纸上印刷有仿珍贵树种的木纹或其他图案。

第三层:基层,是中密度或高密度的层压板,经高温、高压处理,有一定的防潮、阻燃性能,基本材料是木质纤维。

第四层:平衡层,它是一层牛皮纸,有一定的强度和厚度,并浸以树脂,起到防潮、防地板变形的作用。

强化木地板如图 3-50 所示。

强化木地板的优点有:

①耐磨,为普通漆饰地板的 10～30 倍;可用电脑仿真出各种木纹和图案、颜色。

②彻底打散了木材原来的组织,破坏了各向异性及湿胀干缩的特性,尺寸极稳定,尤其适用于地暖系统的房间。

③易打理清洁,护理简捷,光亮如新,不嵌污垢,易于打扫。

④质量稳定,不容易损坏。

⑤价格实惠、安装简单。

缺点有:

①质感较假。

②怕水。

图 3-50

③大面积铺设会起拱。

④环保性能差。

强化木地板装饰效果如图 3-51 所示。

图 3-51

3. 实木复合地板

实木复合地板是由不同树种的板材交错层压而成，一定程度上克服了实木地板湿胀干缩的缺点，干缩湿胀率小，具有较好的尺寸稳定性，并保留了实木地板的自然木纹和舒适的脚感(见图 3-52)。

图 3-52

实木复合地板由表层板、软质实木芯板、底层实木单板组成,同时具备实木地板和强化木地板的优点。三层实木复合地板结构图如图 3-53 所示。

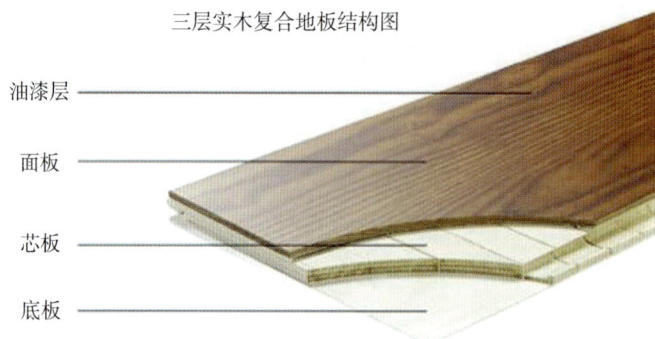

三层实木复合地板结构图

油漆层 ———

面板 ———

芯板 ———

底板 ———

图 3-53

4. 竹地板

竹地板(见图 3-54)的主要制作材料是竹子,采用胶黏剂,施以高温高压制成。经过脱去糖分、脂肪、淀粉、蛋白质等特殊无害处理后的竹材,具有超强的防虫蛀功能。竹地板无毒,牢固稳定,不开胶,不变形。

图 3-54

竹地板的构造如图 3-55 所示。

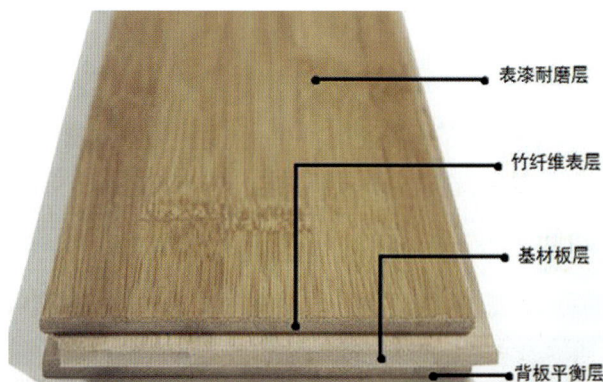

表漆耐磨层

竹纤维表层

基材板层

背板平衡层

竹地板构造:一般由耐磨层、竹表层、基材层、平衡层四部分组成

图 3-55

竹地板的优点有：

- 冬暖夏凉。竹子因为导热系数低，自身不生凉放热，特别适合于铺装在客厅、卧室、健身房、书房、演播厅、酒店宾馆等地面及用于墙壁装饰。

- 寿命长。竹地板在理论上的使用寿命可达 20 年左右，正确的使用和保养是延长竹地板使用寿命的关键。

- 外观优美。竹子的天然色泽美观，富有弹性，可防潮、不发霉，硬度强，用竹子的弧面作为外观面，有一种独特的韵味。

竹地板装饰效果如图 3-56 所示。

图 3-56

第四节
地　毯

地毯（见图 3-57）是一种高级地面装饰材料，它不仅隔热、保温、吸声、挡风且富有良好的弹性等特点，而且铺设可使室内增显高贵、华丽、美观、悦目。地毯由于具有实用、富于装饰性等特点，在现代装饰装修中被广泛使用。地毯用材可分为纯毛地毯、化纤地毯、混纺地毯、橡胶地毯、剑麻地毯。

地毯分六个等级：第一，轻度家用；第二，中度家用或轻度专业使用级；第三，一般家用或中度专业使用级；第四，重度家用或一般专业使用级；第五，重度专业使用级；第六，豪华级。

图 3-57

一、地毯的分类

（1）按地毯的材质分类，可分为纯毛地毯、混纺地毯、化纤地毯、塑料地毯、橡胶地毯、植物纤维地毯、进口真丝地毯或挂毯。

（2）按地毯的编织工艺分类，可分为簇绒地毯、机织威尔顿地毯、机织阿克明斯特地毯。

（3）按地毯的用途分类，有地毯、炕毯、壁毯、祈祷毯等；有家用、办公室使用、宾馆酒店使用、舞厅使用、电梯使用、楼梯使用、走廊使用等。

1. 纯毛地毯

纯毛地毯（见图 3-58 和图 3-59）是以粗绵羊毛为原料，粗绵羊毛纤维长、拉力大、弹性好、有光泽，纤维稍粗而且有力，是世界上编织地毯的最好优质原料。根据制造方式不同，纯毛地毯一般分为手织、机织、无纺等品种。

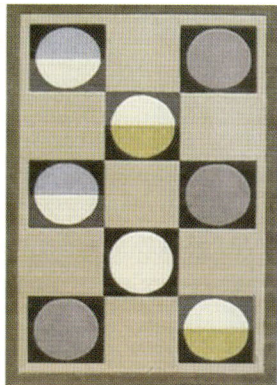

图 3-58

图 3-59

纯毛地毯的重量一般为 1.6～2.6 kg/m²，是高级客房、会堂、舞台等地面的高级装修材料。
纯毛地毯的纹理如图 3-60 所示。

2. 混纺地毯

混纺地毯（见图 3-61）是以羊毛纤维与各种化学合成纤维混纺而成的地面装修材料。混纺地毯中因掺有合成纤维，所以价格较低，实用性能有所提高。如在羊毛纤维中加入 15％的锦纶，可使地毯的耐磨性提高三倍，装饰性不亚于纯毛地毯，同时克服了化纤地毯静电吸尘的缺点，具有保温、耐磨、抗虫蛀等优点。混纺地毯富有弹性、脚感舒适，并且价格便宜。

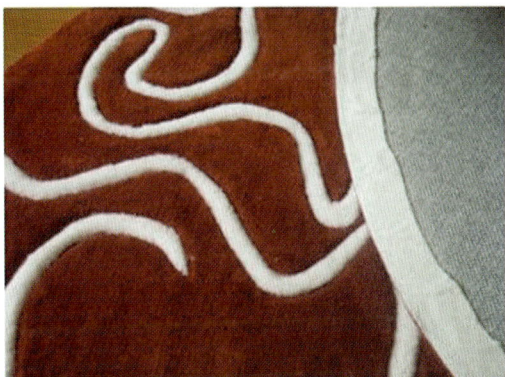

图 3-60　　　　　　　　　　　　　　　　图 3-61

3. 化纤地毯

化纤地毯（见图 3-62）也叫合成纤维地毯，它是用簇绒法或机织法将合成纤维制成面层，再与麻布底层缝合而成。化纤地毯耐磨性好并且富有弹性，价格较低，适用于一般建筑物的地面装修。

图 3-62

4. 塑料地毯

塑料地毯（见图 3-63）是采用聚氯乙烯树脂、增塑剂等多种辅助材料，经均匀混炼、塑制而成，它可以代替纯毛地毯和化纤地毯使用。塑料地毯质地柔软，色彩鲜艳，舒适耐用，不易燃烧且可自熄，不怕湿。塑料地毯适用于宾馆、商场、舞台、住宅等。因塑料地毯耐水,所以也可用于浴室。

图 3-63

5. 橡胶地毯

橡胶地毯(见图 3-64)与塑料地毯特点相似,规格有 500 mm×500 mm、1000 mm×1000 mm,绒长 5～6 mm。

图 3-64

6. 植物纤维地毯

常见的植物纤维地毯有剑麻地毯(见图 3-65),其特点有纹理粗糙、耐酸碱、耐磨、不变形、无静电、价格低、弹性差等。它色彩丰富、纹理多变,宽度在 4 米以下,长度在 50 米以下。

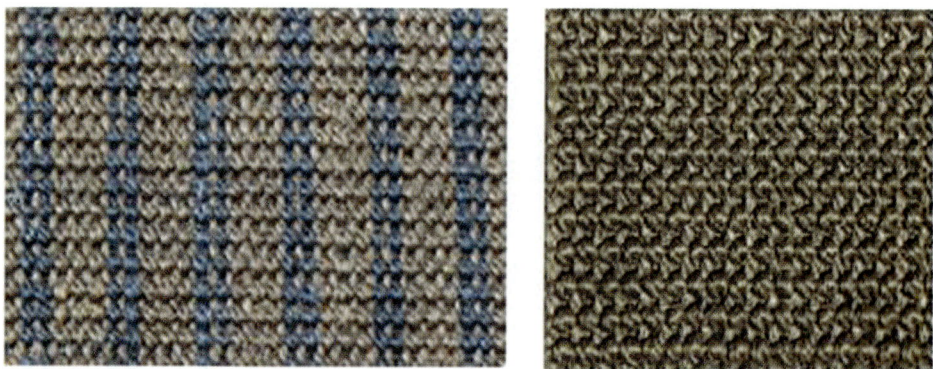

图 3-65

7. 进口真丝地毯或挂毯

进口真丝地毯及挂毯如图 3-66 至图 3-70 所示。

图 3-66

图 3-67

图 3-68

图 3-69

图 3-70

二、地毯的选购

(1)鉴定材质。

(2)看密度、弹性。

(3)看防污能力。

地毯的装饰效果如图 3-71 所示。

图 3-71

三、地毯的保养

(1)避光。

(2)通风、防潮。

(3)防污、除尘。

(4)防变形。

地毯的应用如图 3-72 所示。

图 3-72

第五节
踢脚线的主要种类及应用

(1)木质踢脚线,如图 3-73 所示。

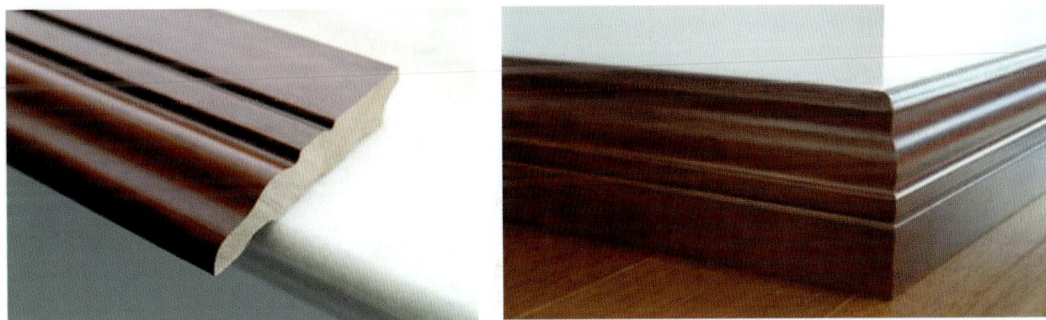

图 3-73

（2）瓷质踢脚线，如图 3-74 所示。

图 3-74

（3）人造石踢脚线，如图 3-75 所示。

图 3-75

（4）金属、玻璃踢脚线，如图 3-76 所示。

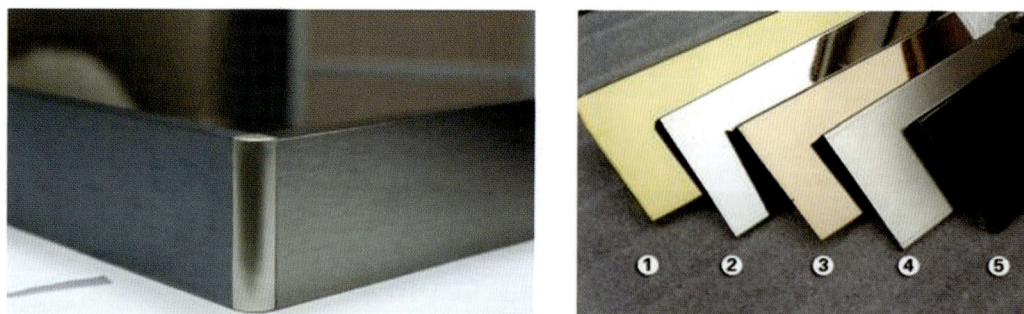

图 3-76

第六节
水泥、沙、砖、胶黏剂等辅料的种类及应用

一、水泥

1. 概述

水泥以石灰石和黏土为主要原料,经破碎、配料、磨细制成生料,然后喂入水泥窑中煅烧成熟料,再将熟料加适量石膏(有时还掺入混合材料或外加剂)磨细而成。

作用:用它胶结碎石制成的混凝土,硬化后不但强度较高,而且能抵抗淡水或含盐水的侵蚀。长期以来,它作为一种重要的胶凝材料,广泛应用于土木建筑、水利、国防等工程。

2. 室内装饰常用的种类

(1)普通硅酸盐水泥:是最为常用的水泥品种,多用于毛地面找平、砌墙、墙面批荡及地砖、墙砖粘贴等施工,还可以直接用作饰面,称之为清水墙。

(2)白色硅酸盐水泥:俗称白水泥,通常用于室内瓷砖铺设后的勾缝施工。白水泥勾缝缺点是易脏,不需要多长时间白水泥勾缝就成了"黑水泥勾缝"。现在市场上已经有了专门的勾缝剂,白水泥粘贴的牢固性和硬度都不如勾缝剂好,而且抗变色能力也不如勾缝剂,所以勾缝剂成了白水泥的优良替代品,在装修中得到了广泛的应用。

(3)彩色硅酸盐水泥:彩色水泥是在普通硅酸盐水泥中加入了各类金属氧化剂,使得水泥呈现出了各种色彩,在装饰性能上比普通硅酸盐水泥更好,所以多用于一些装饰性较强的地面和墙面施工中,比如水磨石地面。

二、沙

沙(见图3-77)是调配水泥砂浆的重要材料。

沙的种类很多,按来源不同分为山沙、河沙、海沙;按颜色不同可分为黄沙、红沙、白沙;按成分不同可分为石英沙、石灰石沙、普通沙;按颗粒大小不同分为粗沙(粒径大于0.5 mm)、中沙(粒径为0.35～0.5 mm)、细沙(粒径为0.25～0.35 mm)、特细沙等。沙子宜选用中沙或粗沙与中沙混合使用,使用前应过筛,杂质含量应小于3%。水泥通常按一定比例和沙调配成水泥砂浆来使用。水泥砂浆多按水泥∶沙=1∶2或1∶3(体积比)的比例来调配。

常用的沙:抹灰工程使用的主要是普通沙,它是指自然山沙和河沙,是由坚硬的天然岩石经自然风化逐渐形成的疏散颗粒的混合物。

沙子的质量辨别:用手攥沙不粘手、不成团,用手指搓研,有锐角刺手,加水搅拌水色清,观察颗粒有光泽甚至半透明,密度高。

图 3-77

三、砖

1. 通用尺寸

普通砖(实心黏土砖)的标准规格为 240 mm×115 mm×53 mm(长×宽×厚),按抗压强度(牛/毫米²,N/mm²)的大小分为 MU30、MU25、MU20、MU15、MU10、MU7.5 这 6 个强度等级。

2. 种类

(1)红砖(见图 3-78 和图 3-79),色泽红艳,有时则为暗黑色,也叫黏土砖,是以黏土、页岩、煤矸石等为原料,经粉碎、混合后以人工或机械压制成型,经干燥后在 900 ℃ 左右的温度下以氧化焰烧制而成的烧结型建筑砖块。

图 3-78

图 3-79

红砖主要用途:普通黏土砖既有一定的强度和耐久性,又因其多孔而具有一定的保温绝热、隔音等优点,因此适合用作墙体材料(见图 3-80),也可用于砌筑柱、拱、烟囱、地面及基础等。老式建筑多用它作建筑材料。欧洲很多留存的古典主义建筑的屋顶和墙面都有红砖的影子。

(2)青砖(见图 3-81 和图 3-82):黏土烧制的。黏土是某些铝硅酸盐矿物长时间风化的产物,具有很强的黏性而得名。将黏土用水调和后制成砖坯,放在砖窑中煅烧(900～1100 ℃,并且要持续 8～15 天)便制成

图 3-80

砖。黏土中含有铁,烧制过程中完全氧化时生成三氧化二铁,呈红色,即最常用的红砖;而如果在烧制过程中加水冷却,使黏土中的铁不完全氧化(Fe_3O_4)则呈青色,即青砖,仿古用。

图 3-81

图 3-82

(3)水泥砖(见图 3-83):水泥砖是指利用粉煤灰、煤渣、煤矸石、尾矿渣、化工渣或者天然沙、海涂泥等(以上原料的一种或数种)作为主要原料,用水泥做凝固剂,不经高温煅烧而制造的一种新型墙体材料。

水泥砖自重较轻,强度较高,无须烧制,用电厂的污染物粉煤灰做材料,比较环保,国家已经在大力推广。此类砌块唯一缺点就是与抹面砂浆的结合不如红砖,容易在墙面产生裂缝,影响美观。施工时应充分喷水,要求较高的别墅类可考虑满墙挂钢丝网,可以有效防止裂缝。

图 3-83

　　(4)烧结页岩砖(见图3-84):以页岩为原料,采用砖机真空挤出成型、一次码烧的生产工艺。它作为一种新型建筑节能墙体材料,既可用于砌筑承重墙,又具有良好的热工性能,符合施工建筑模数,减少施工过程中的损耗,提高工作效率;孔洞率达到35%以上,可减小墙体的自重,节约基础工程费用。与普通烧结多孔砖相比,具有保温、隔热、轻质、高强和施工高效等特点。

图 3-84

四、勾缝剂

　　勾缝剂也叫填缝剂,是以白水泥为主料,加入少量无机颜料、聚合物及微量防菌剂,制成的干粉状材料(见图3-85至图3-87)。勾缝剂分为有沙型和无沙型,前者主要用在宽砖缝上,后者主要用在窄砖缝上。

图 3-85

图 3-86

图 3-87

勾缝剂主要用于瓷砖、大理石、花岗石等砖材之间填缝。勾缝剂具有防裂、抗水及良好的耐久性,同时可有效阻止水泥砂浆中游离钙的析出,使装饰砖材的美观效果更为显著。

勾缝剂施工效果图如图3-88所示。

图 3-88

使用勾缝剂注意事项:

(1)不能在瓷砖贴完后马上进行勾缝处理;

(2)进行勾缝前要将瓷砖缝隙的水泥清理干净;

(3)注意要将粘在瓷砖部分的勾缝剂及时擦掉。

五、胶黏剂

(1)胶黏剂:习惯上称为胶水,通过界面的黏附和内聚等作用,能使两种或两种以上的制件或材料连接在一起的天然的或合成的、有机的或无机的一类物质,又叫黏合剂。胶水成分里含有毒有害的物质,是家庭装修污染源头,不能使用不合格产品,不能过量使用。

(2)瓷砖胶:瓷砖胶又称陶瓷砖黏合剂或黏结剂、黏胶泥等,是现代装潢的新型材料,替代了传统水泥砂浆,黏结力是水泥砂浆的数倍,能有效粘贴大型的瓷砖、石材,避免掉砖的风险。瓷砖胶具有良好的柔韧性,可防止产生空鼓。瓷砖胶主要用于粘贴面砖、地砖等装饰材料,广泛适用于浴室、厨房等建筑饰面装饰场所。

瓷砖胶的使用方法:

①湿润施工墙、地面,墙、地面内部必须保持干燥,墙、地面表层需要保持平整,高低不平或表面粗糙的地方可以使用水泥砂浆抹平。

②清除基层浮灰、油等污渍,否则会影响瓷砖胶的黏合度。

③每平方米用量 4～6 千克,粘贴厚度为 2～3 毫米,调黏合剂,水灰比例约为 1∶4,搅拌均匀。黏结剂应在 5～6 小时内用完。

④将混合后的黏合剂涂抹在要铺设的瓷砖背面,用力按压,直到瓷砖面平实,铺上的瓷砖可以在 15 分钟内通过移动纠正位置。

(3)大理石胶:常用在胶黏大理石施工中,通常为胶粉状态。使用中,直接兑水调配即可,凝固时间快,效率高。厚度为 3～5 毫米,每平方米重量仅为 3～5 千克,可以大幅度减轻建筑物的负重。采用大理石胶胶黏大理石必须用强力型大理石胶粉。对于较厚的大理石和花岗石,最好采用干挂法或湿挂法。

(4)胶条(见图 3-89):解决大理石修补问题,主要用于修补石材缝隙与裂缝。根据石材选择相应的胶条,修补后打磨。需要用 75 W 或 100 W 的电烙铁加热融化,以融入缝隙。

(5)木制品胶黏材料:多用于木制品的基层和面层黏结。

①白乳胶(见图 3-90):俗称白胶,呈乳白色液体状。可常温固化,固化较快,粘接强度较高,粘接层具有较好的韧性和耐久性,且具有不易老化、价格便宜、溶于水、不含有机溶剂等特点,被广泛应用于木材、家具、装修、印刷、纺织、皮革、造纸等行业,已成为人们熟悉的一种黏合剂。凝固时间 12 小时以上。

②309 胶:俗称万能胶,具有凝固时间很快、粘连强度很高的特点,广泛地应用于木制品、塑料制品、金属面板的粘接。

③地板胶:专用于木质地面材料的胶黏,凝固时间相对较短,一般需要 2～3 小时,黏结强度高,硬度高,使用寿命长。

图 3-89

图 3-90

(6)墙面腻底胶黏材料:107 胶(有毒禁用)、108 胶、熟胶粉、壁纸胶。

(7)玻璃胶:是一种家庭常用的黏合剂。玻璃胶是将各种玻璃与其他基材进行粘接和密封的材料。

(8)其他胶:防水密封胶,电工专用胶。

第七节
铺贴施工工艺

一、瓷砖进场检验及准备工作

(1)检查瓷砖的品类、等级、颜色、规格与当初选择的是否一致。

(2)检查尺寸大小是否一致,检查平直度,检查是否翘曲。

(3)准备工作:釉面砖浸泡于水池中 2 h 以上,晾干表面水分再使用,绝不能采用淋冲方式浇湿瓷片。

瓷砖进场检验及浸泡如图 3-91 所示。

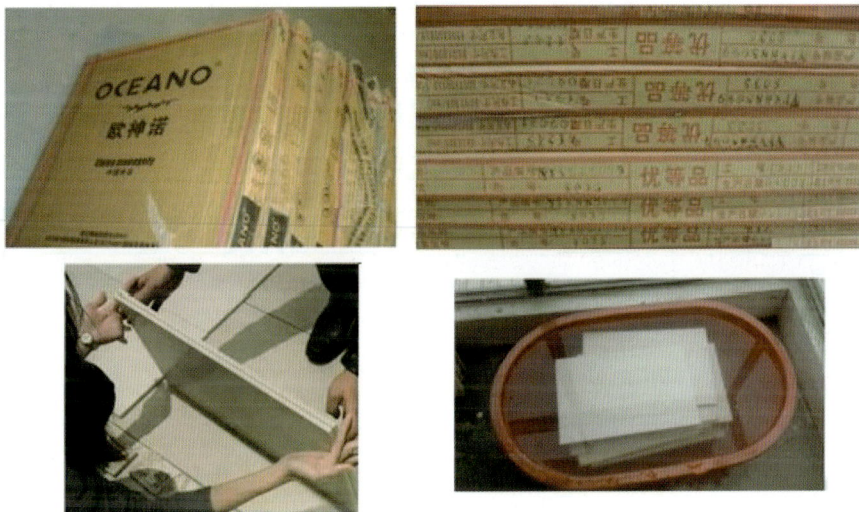

图 3-91

二、地面找平施工流程及施工要点

1.地面找平的高度

一般情况下,地面找平及其材料总厚度大致为:

(1)铺贴地面砖:砂浆 20 mm 加抛光砖 8~10 mm,共 30 mm 左右。

(2)铺贴地面大理石:砂浆 25~30 mm,大理石 20 mm,共 50 mm 左右。

假设卧室采用木地板,则同时要问清楚业主卧室铺设木地板的类型,其中实木地板还有架空和实铺两种方法,构成的高度也有很大的不同。

(1)实铺实木地板:底板 9~12 mm,夹板加木地板 18 mm,共 27 mm 左右。

(2)架空铺实木地板:地龙骨 25 mm、底板 9 mm 加木地板 18 mm,共 52 mm 左右。

(3)复合木地板:底层防潮棉 2 mm 加复合木地板 8~12 mm,共 10~14 mm(竹木地板、实木复合地板和复合木地板相同)。

2.地面找平施工步骤

第一步:清理基层,铲除基层泥块、土块等。

第二步:确定找平标高(见图 3-92)。

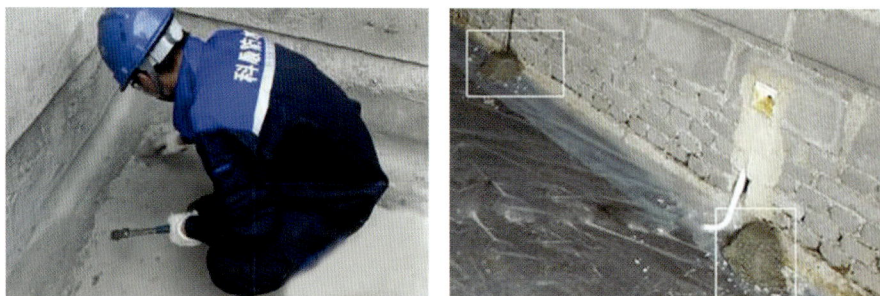

图 3-92

第三步:确定标高后在四周墙上弹出标高线。

第四步:找地筋(见图 3-93)。

图 3-93

第五步:搅拌水泥砂浆。

第六步:浇水湿润基层。

第七步:在湿润的地面基层上撒水泥粉。

第八步:铺好水泥砂浆后找平(见图 3-94)。

图 3-94

第九步:压光。

第十步:检测平整度(见图 3-95)。

图 3-95

3. 地面找平施工要点

(1)在地面找平前先将原楼地面基层上的尘土、油渍等清理干净,浇水湿润。

(2)地面找平层水泥砂浆配比宜为 1∶3。

(3)地面找平砂浆应分层找平,找平后用一些干水泥撒在上面做压光处理。

三、常用工具

(1)云石机(见图 3-96):石材切割机,可以用来切割石料、瓷砖、木料等。不同的材料选择相适应的切割片。

(2)角磨机(见图 3-97):角磨机就是利用高速旋转的薄片砂轮以及橡胶砂轮、钢丝轮等对金属构件进行磨削、切削、除锈、磨光加工。角磨机适合用来切割、研磨及刷磨金属与石材,如果在此类机器上安装合适的附件,也可以进行研磨及抛光作业。角磨机附件如图 3-98 所示。其中,云石切割片的刀口处是用高强度金刚石与钴相结合特制而成的,普遍用于混凝土、陶瓷片、花岗岩、大理石等建材的切割作业;抛光片是由各种棉布、细毛毡、丝绸、鹿皮、剑麻、马毛等制成的。用于大理石、人造石、微晶石及混凝土地面、硬化剂地面的抛光处理;砂轮片一般由白刚玉、棕刚玉、绿碳化硅和黑碳化硅等加工而成,主要加工切割一般的金属材料等;羊毛轮由羊毛制成,专用于不同材料的抛光和擦伤修补,如玻璃、陶瓷、石材、金属、塑料和珠宝等。

图 3-96

图 3-97

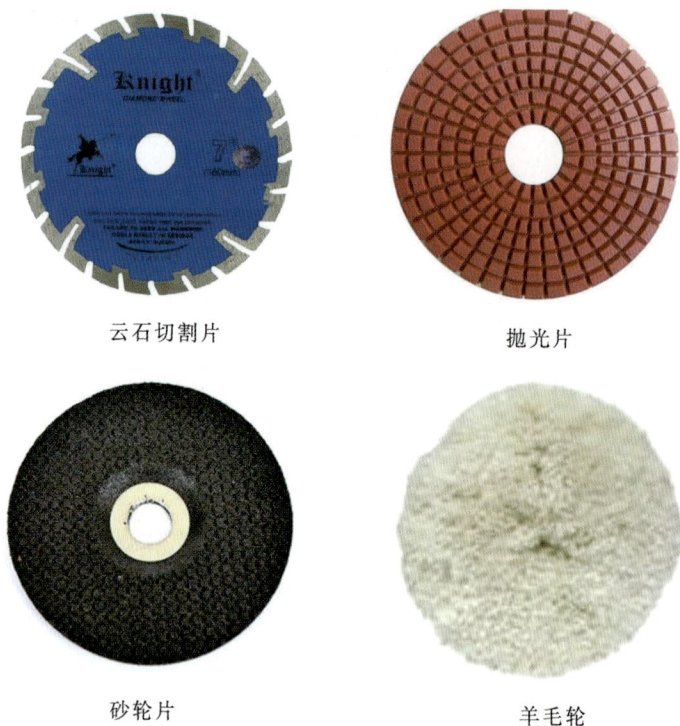

云石切割片　　　　　　　　　　抛光片

砂轮片　　　　　　　　　　　羊毛轮

图 3-98

（3）电钻搅拌机（见图 3-99）：由大功率电钻和钢筋搅拌器组成，常用于水泥、腻子粉、乳胶漆的搅拌。

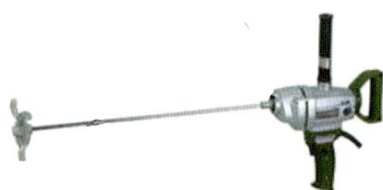

电钻搅拌机

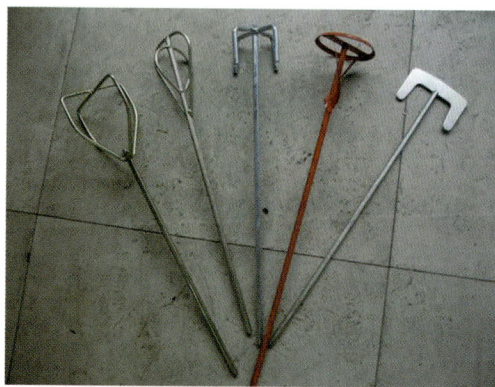

图 3-99

（4）手动瓷砖推刀：又称手动瓷砖切割机，裁切时不产生粉尘，是杜绝尘肺病的环保机械。高级抛光砖、地砖等硬度高，用电动切割机会产生崩边，且灰尘大，而用手动瓷砖推刀，可以精确地把釉面划开，分离机构利用杠杆原理一次分离，切口整整齐齐。

（5）电锤（见图 3-100）：附有气动锤击机构的一种带安全离合器的电动式旋转锤钻，可只转动不冲击、只冲击不转动、既冲击又转动。

（6）激光投线仪（见图 3-101）：利用激光束通过柱透镜或玻璃棒形成扇形激光面，投射形成水平或铅垂激光线的仪器，多用于装修装潢等领域。

（7）其他工具：墨斗、橡皮锤、钢卷尺、水平尺、铝合金靠尺、泥桶、铁锹、榔头、斩子、泥刀、抹子、棉线、钢钉、吊线坠等（见图 3-102）。

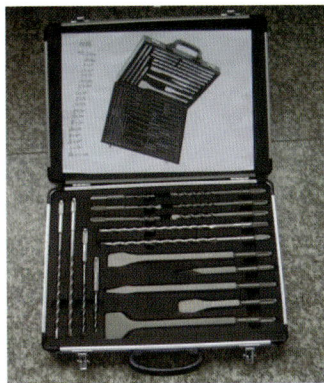

图 3-100

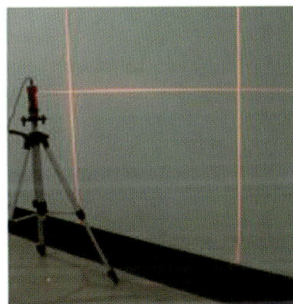

激光投线仪　　　　　　　　使用效果

图 3-101

图 3-102

四、地砖铺贴施工流程及施工要点

1. 卫生间的地砖铺设

(1)防水处理。

(2)排砖(见图 3-103)。

图 3-103

(3)确定水平面(见图 3-104)。

图 3-104

确定水平面施工要点如下:

确定地面标高,即铺设厚度,瓷砖或大理石地面的标高应与木地板房的地面标高保持一致。

同时考虑门槛的高度,如厨房、卫生间、阳台的门槛一般高 18～30 mm,以防止积水外流。

一般情况为,地面砖:砂浆 20 mm 加砖 8～10 mm,共 30 mm 左右。地面大理石:砂浆 25～30 mm 加大理石 20 mm,共 50 mm 左右。

(4)铺贴地砖(见图 3-105)。

①开始铺贴地砖前,在地面铺干硬性水泥砂浆,根据门槛石的厚度确定砂浆的基本厚度。水泥与中沙

图 3-105

的比例为 1∶3 最佳,硬度以"手握成团、落地开花"为宜。

②调整好在地面铺的干硬性水泥砂浆的平整度,然后在砂浆上进行试铺,看是否方正、平整。

③试铺没有问题,就可以正式进行地砖铺贴。在地砖背面刮上水泥砂浆,铺贴时用水平尺和橡皮锤进行调整。

铺贴地砖施工要点如下:卫生间的地面瓷砖铺贴要有 2‰~3‰ 的坡度,坡度向地漏方向倾斜,避免造成积水。

(5)铺贴最底层的墙砖。

(6)挖排水孔。施工要点如下:地漏盖应低于地面砖 2~4 mm,如落在一块地砖中间,应四面斜向内开槽,以便泄水(见图 3-106)。

(7)勾缝和清理。

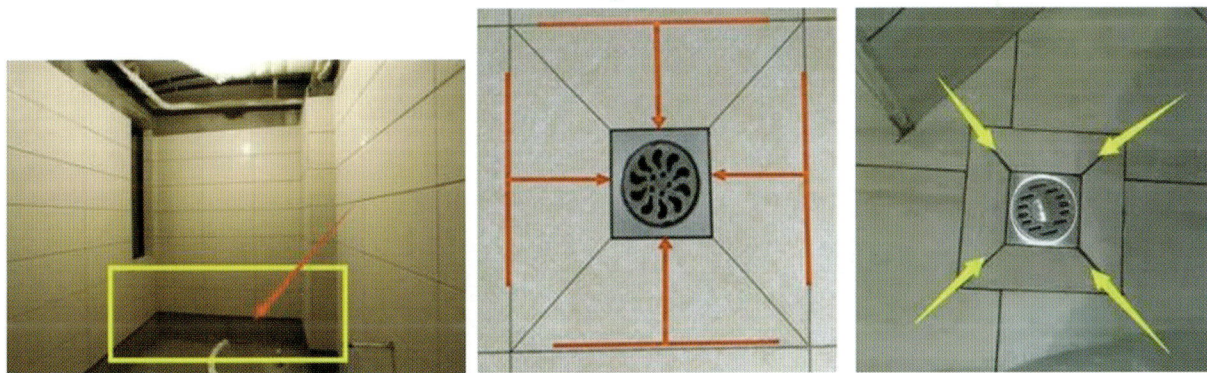

图 3-106

2. 卫生间以外空间地砖的铺贴

(1)弹线找规矩。

(2)排砖。

排砖施工要点如下:

①铺贴前要弄清楚所要铺贴的面积,也就是确认图纸。根据现场实际情况,还应对天然石材、地面砖进行对色、拼花并试拼、编号。

②排砖时依据地面抛光砖及大理石的规格大小,尽量避免缝中正对大门口中,影响整体美观。

（3）铺贴地砖。

铺贴地砖施工流程：

①在房间内铺放干硬性水泥砂浆。

②在铺贴地砖时,砂浆的厚度与门槛石齐平为宜,铺贴前先放水平基准线,用于校准铺砖的水平度,放好水平基准线后在远端压实。

③正式铺贴之前先进行试铺,铺贴时首先要按照已经确定的厚度,在基准线的一端铺设一块基准砖,要求基准砖要水平,测量必须要精确。

④试铺没有问题之后,就可以正式铺贴了。

⑤在施工过程中,随时用水平尺检查所铺地砖的水平度以及与相邻地砖高度的误差。

⑥第一排横向地砖铺好之后,开始贴竖向地砖。

铺贴地砖施工要点如下：

①铺贴抛光砖或大理石常用干粉法和刮浆法。

②铺地砖前,先清理基层表面尘土、油渍等,检查原楼地面质量情况,看是否存在空鼓、脱层、起翘、裂缝等缺陷,一经发现及时向业主提出,并做好处理。

③铺贴后24 h内及时检查是否有空鼓,一经发现及时返工撤换,待水泥砂浆凝固后返工会增加施工困难。

（4）勾缝和清理。

铺贴完成后24 h,用专业的勾缝剂将砖缝压实、勾匀。砖缝压实、勾匀后,将砖面擦拭干净,表面应进行湿润保护。

地砖铺好后保护施工要点如下：

①常温下养护期不少于7天,这个步骤能够保证水泥的有效粘贴,减小瓷砖空鼓的概率。

②地砖铺设完毕后,一定要用保护膜或者纸板进行保护,以防止在后续施工中对地砖造成污损。

3. 马赛克的铺贴

（1）用1∶3水泥砂浆将铺贴面找平至垂直、方正、平整,其误差不大于0.1%。

（2）将作业面薄刮2 mm白水泥砂浆（加白乳胶或胶水）或专用黏结剂,将马赛克铺上、压平（见图3-107）。

图 3-107

第八节
地暖改造及其他施工

一、地暖改造

地暖(见图 3-108)是地板辐射采暖的简称,是以整个地面为散热器,通过地板辐射层中的热媒,均匀加热整个地面,利用地面自身的蓄热和热量向上辐射的规律由下至上进行传导,来达到取暖的目的。从热媒介质上分为水地暖和电地暖两大类。

图 3-108

施工要点:水地暖的施工主要有连接管道、铺设保温层、铺设反射铝箔层、铺设地暖盘管、验收等流程,施工较为简单,主要就是铺设和固定(见图 3-109)。

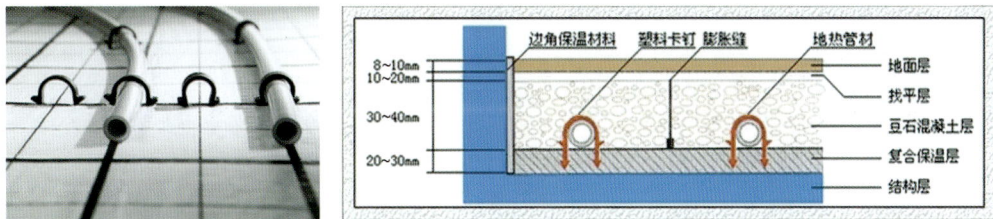

图 3-109

二、沉箱施工

(1)根据预制板大小用砖砌好地垄。

(2)清理卫生,注意第二次排水不要堵塞。

(3)盖好预制板(预制板应事先定制,且预制板内必须加钢筋),然后对预制板上面进行找平施工即可。

沉箱施工如图 3-110 和图 3-111 所示。

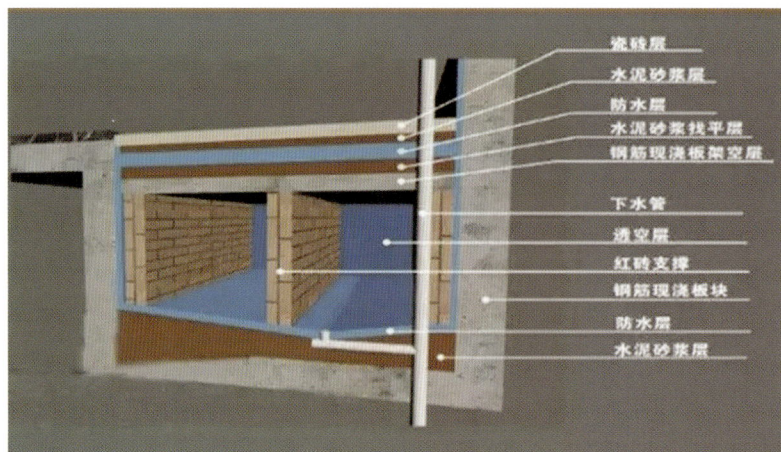

瓷砖层
水泥砂浆层
防水层
水泥砂浆找平层
钢筋现浇板架空层

下水管
透空层
红砖支撑
钢筋现浇板块
防水层
水泥砂浆层

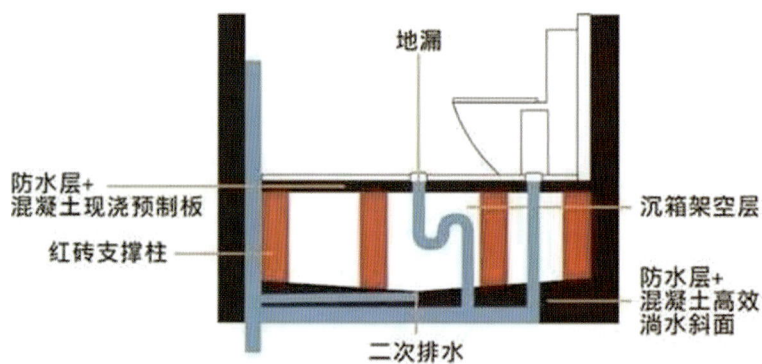

地漏

防水层+
混凝土现浇预制板

红砖支撑柱

沉箱架空层

防水层+
混凝土高效
淌水斜面

二次排水

图 3-110

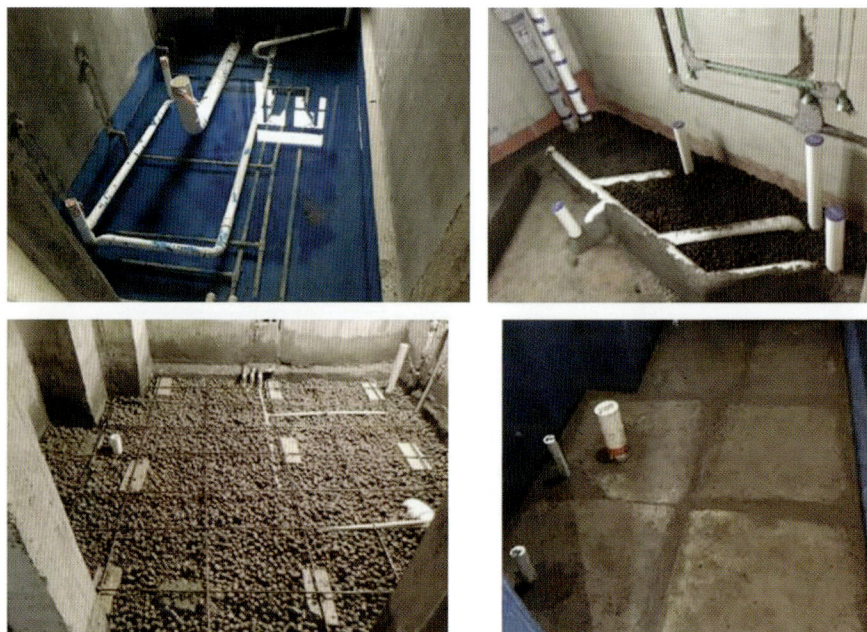

图 3-111

Z

Zhuangshi Cailiao yu Shigong Gongyi

第四章
墙面装饰材料与施工工艺

墙面装饰的主要目的是保护墙体,增强墙体的坚固性、耐久性,延长墙体的使用年限,改善墙体的使用功能,提高墙体的保温、隔热和隔声能力,提高建筑的艺术效果,美化环境。

第一节
涂料、墙纸类饰面

一、涂料饰面

涂料是指涂在物体表面能够形成完整的漆膜,并能与物体表面牢固黏合的物质。

1. 涂料的特点

涂料的特点有:质地轻,色彩鲜明,附着力强,施工简便,省工省料,维修方便,质感丰富,价廉质好,耐水,耐污染,耐老化。

2. 涂料的分类

按使用部位分为外墙涂料、内墙涂料、地面涂料;

按漆膜光泽强弱分为无光、半光、有光;

按形成涂膜质地分为薄质涂料、厚质涂料和粒状涂料;

按主膜形成物质中树脂分为有机涂料(溶剂型、无溶剂型、水溶型和水乳胶型)、无机涂料和复合涂料。

二、墙纸类饰面

1. 墙纸

墙纸又称壁纸,是一种应用相当广泛的室内装饰材料。因为墙纸具有色彩多样、图案丰富、豪华气派、安全环保、施工方便、价格适宜等多种其他室内装饰材料所无法比拟的特点,故在欧美、日本等发达国家和地区得到相当程度的普及。

壁纸按材质可分为:纸质壁纸、胶面壁纸、壁布(纺织壁纸)、金属壁纸、天然材质类壁纸、防火壁纸、特殊效果壁纸。

欧式花纹壁纸如图 4-1 所示。

2. 壁画

壁画,墙壁上的艺术,即人们直接画在墙面上的画。作为建

图 4-1

筑物的附属部分,它的装饰和美化功能使它成为环境艺术的一个重要方面。壁画为人类历史上最早的绘画形式之一。

其分类与墙纸类似,常见的分类有金箔壁画、银箔壁画等。

3. 无缝墙布

墙布种类繁多,用途广泛,大多数家庭在装修房屋时都或多或少地采用了墙布作装饰。

4. 墙塑

墙塑是以乙烯基为基材,表面涂以耐磨层,印上彩色图案而制成的。墙塑具有美观、耐用、色彩鲜艳、花色繁多、不褪色、不老化、防火、耐磨、耐裂等诸多特点,并可制成各种图案及凹凸纹,富有很强的质感,还有强度高、抗拉拽、易于粘贴的特点,且表面不吸水,可用布擦洗。

第二节
板材类饰面

装饰板材是室内装饰必不可少的一种材料,在木作业中被大量使用。相对于传统手工板材,现代人造板材因性价比高、使用方便被大量采用。

一、板材分类与原料

按使用部位分类:

基层板材:作基层材料使用,如大芯板、胶合板、密度板等。

饰面板材:三合板、防火板、铝塑板等。

板材原料:

非木质原料 :竹材、藤材、灌木、稻草、麦秸、麻秆、棉秆、芦苇、玉米秸、甘蔗渣、高粱秸。

木质原料:采伐剩余物、木材加工剩余物、其他原料 。

二、常用板材

1. 胶合板

胶合板也称夹板,行内俗称细芯板。胶合板是由原木经蒸煮、旋切或刨切成薄片单板,再经烘干、整理、涂胶后,按奇数层配叠,每层的木纹方向必须纵横交错,再经加热制成的一种人造板材(见图 4-2)。常用树种:水曲柳、椴木、桦木、马尾松、杨木等。胶合板是目前手工制作家具最为常用的材料。

组成胶合板的相邻层单板的纤维方向互相垂直或成一定角度,保证各方向上的抗拉强度基本趋于一致。

图 4-2

胶合板一般长为 2440 mm,宽为 1220 mm,厚度分为 3 厘板、5 厘板、9 厘板、12 厘板、15 厘板和 18 厘板六种规格(1 厘指厚度 1 mm)。当然,还有 21 厘和 25 厘,厚度可以根据不同的要求生产。

胶合板主要用于装饰面板的底板、板式家具的背板、产品包装等场合。

胶合板的选购主要看:

(1)外观:木纹清晰,表面无破损、碰伤、疤节等瑕疵,光滑平整,无滞手感。

(2)胶合:从侧面观察胶合板有无脱胶现象。

(3)板材:木材种类较多,以柳桉木的质量较好。

(4)甲醛:符合国家标准,E0、E1 级。

2. 饰面板

饰面板(wood veneer),全称装饰单板贴面胶合板,它是将天然木材或科技木刨切成一定厚度的薄片,黏附于胶合板表面,然后热压而成的一种用于室内装修或家具制造的表面材料(见图 4-3)。

免漆   油漆

图 4-3

(1)饰面板的分类。

常见的饰面板分为天然木质单板饰面板和人造薄木饰面板(见图 4-4)。人造薄木饰面板的纹理基本为通直纹理,纹理图案很有规则。其特点是:既具有了木材的优美花纹,又充分利用了木材资源,降低了成本。天然木质单板饰面板为天然木质花纹,纹理图案自然,变异性比较大,无规则。

图 4-4

市场上的饰面板大致有柚木饰面板、胡桃木饰面板、西南桦饰面板、枫木饰面板、水曲柳饰面板、榉木饰面板等(见图 4-5)。

黑胡桃　　　　　　　　　　　　　水曲柳

花梨木　　　　　　　　　　　　　柚木

图 4-5

饰面板的厚度一般为 3 mm(3 厘),规格为 1220 mm×2440 mm(见图 4-6)。

(2)饰面板的选购。

外观尤为重要,直接影响装饰的整体效果,表面应细致均匀、色泽明晰、木纹美观、光洁平整,无明显瑕疵与污垢。表层厚度必须在 0.2 mm 以上,越厚越好,太薄会透出底板颜色。

3. 大芯板

大芯板又称木工板、细木工板,是在单板中间胶压拼接木板而成。中间木板是由天然的木板方经热处理(即烘干室烘干)以后,加工成一定规格的木条,由拼板机或手工拼接而成。拼接后的木板两面覆盖单板,再经冷、热压机胶压后制成大芯板。大芯板具有天然木材纹理美观、强度高、握螺钉力好、不变形、吸声、绝热等特性,但怕潮湿。

(1)大芯板的结构。

大芯板由板芯、芯板、表板构成,如图 4-7 所示。

图 4-6

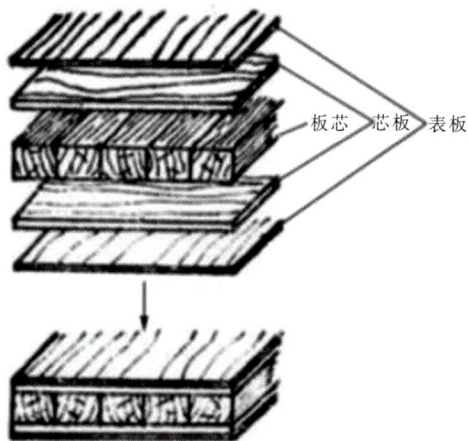

图 4-7

板芯的主要作用是使板材具有一定的厚度和强度。芯板的作用,一是将板芯横向联系起来,使板材有足够的横向强度;二是降低板面的不平度,板芯小木条厚度不均匀可能会反映到板面上来,有芯板作缓冲,就可以消除或削弱这种影响。表板的作用也有两个,一是使板面美观;二是增加板材的纵向强度。

(2)分类。

根据材质和质地分为优等品、一等品、合格品;

按面板层数分为三层细木工板、多层细木工板;

以甲醛释放量分为 E0 级、E1 级、E2 级;

按生产加工工艺分为机拼和手拼;

按成品是否油漆分为免漆板和无油漆板(见图 4-8)。

(3)规格。

长度 2440 mm、宽度 1220 mm,常用厚度 12 mm、15 mm、16 mm、17 mm、18 mm。

(4)常用树种。

芯板:杨木、杉木、桐木、松木、椴木、杂木等。

板芯:桉木、杨木。

表板:阿尤斯、奥古曼。

免漆板　　　　　　　　　　　　无油漆板

图 4-8

（5）用途。

用于家具、门窗套、隔断、假墙、暖气罩、窗帘盒等。

（6）大芯板的选购。

外观表面平整，无翘曲、变形、起泡，手感光滑、四边平直，侧面看排列整齐，木条缝隙不超过 3 mm。甲醛含量选 E0、E1 级。含水率不超过 12％。

4.密度板

密度板（medium density fiberboard，MDF）全称为密度纤维板，是以木质纤维或其他植物纤维为原料，经纤维制备、施加合成树脂，在加热加压的条件下压制成的板材（见图 4-9）。

图 4-9

（1）分类。

按原料分：木质纤维板、非木质纤维板。

按密度分：

硬质纤维板：密度在 800 kg/m³ 以上。

半硬质纤维板：密度在 400～800 kg/m³。

软质纤维板：密度在 400 kg/m³ 以下。

（2）特点。

密度板表面光滑平整、材质细密、性能稳定、边缘牢固，而且板材表面的装饰性好。但密度板耐潮性较差,且相比之下,密度板的握钉力较刨花板差,螺钉旋紧后如果发生松动,在同一位置很难再固定。

密度板最大的缺点就是不防潮,见水就发胀。

(3)用途。

硬质纤维板:强度大,多用于包装箱,车辆、船舶的装修,建筑业和家具制作等方面。

软质纤维板:具有绝缘、隔热、吸音等性能,主要用于播音室、影剧院的天棚和壁板以及听音室的壁板等。

半硬质纤维板(中密度纤维板):主要用于家具制作和房屋内部装修等,用途最广。

5. 刨花板

刨花板是用木材加工剩余物或小径木等做原料,经专门的机床加工成刨花,加入一定数量的胶黏剂,再经成型、热压而制成的一种人造板状材料(见图 4-10)。

图 4-10

据统计:1.3 立方米木材(废材)可生产 1 立方米刨花板,而 1 立方米刨花板可顶替 3 立方米原木制成的板材使用。刨花板生产也是合理利用和节约木材的有效途径。

(1)刨花板的分类。

按刨花板的结构分:

①单层刨花板:拌胶刨花不分大小粗细地铺装压制而成,饰面较困难,现在使用较少。

②三层刨花板:外层刨花细、施胶量大,芯层刨花粗、施胶量小,家具常用。

③渐变结构刨花板:刨花由表层向芯层逐渐加大,无明显界限,强度较高,用于家具及室内装修。

(2)刨花板的特点。

优点:

①有良好的吸音、隔音及绝热性能;

②内部为交叉错落的颗粒状结构,各方向的性能基本相同,横向承重力好;

③刨花板表面平整,纹理逼真,密度均匀,厚度误差小,耐污染、耐老化,美观,可进行各种贴面(见图 4-11)。

缺点:

①内部为颗粒状结构,不易于铣型;

②在裁板时容易造成爆齿的现象,所以部分工艺对加工设备要求较高,不宜现场制作;

③市场上的刨花板质量参差不齐,劣质的刨花板环保性很差,甲醛含量超标严重。

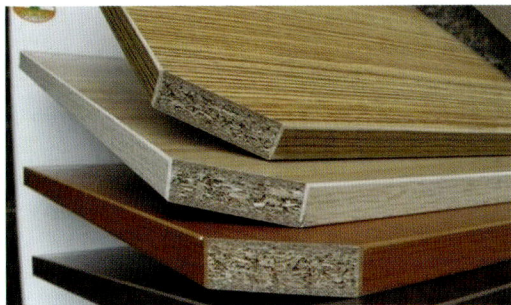

图 4-11

6. 欧松板

欧松板(见图 4-12)的原料主要为软针、阔叶树材的小径木、速生间伐材等,如桉树、杉木、杨木间伐材等,来源比较广泛,其制造工艺主要是将一定几何形状的刨片(通常为长 50～80 毫米、宽 5～20 毫米、厚 0.45～0.6 毫米)进行干燥、施胶、定向铺装和热压成型。

图 4-12

欧松板在家具上的应用得到了空前的发展,很多大型家具企业都开始使用欧松板制作家具,其备受消费者喜欢的原因就是甲醛释放量较低,并且结实耐用,且比中密度纤维板、刨花板制作的家具重量轻。

7. 澳松板

澳松板(见图 4-13)采用辐射松(澳洲松木),是一种进口的中密度板,同时它也是大芯板的升级产品。澳松板很环保,现在已广泛使用在一些装饰品和家具、建筑行业。

澳松板具有很高的内部结合强度,每张板的板面均经过高精度的砂光,确保一流的光洁度。

图 4-13

8. 三聚氰胺板

三聚氰胺板(见图 4-14)由基材和表面黏合而成,基材是刨花板和中密度纤维板。它是将带有不同颜色或纹理的纸放入三聚氰胺树脂胶黏剂中浸泡,然后干燥到一定固化程度,将其铺装在基材表面,经热压而成的装饰板。

图 4-14

三聚氰胺装饰板性能：

(1)可以任意仿制各种图案,色泽鲜明,用作各种人造板和木材的贴面,硬度大,耐磨,耐热性好。

(2)耐化学药品性能一般,能抵抗一般的酸、碱、油脂及酒精等溶剂的腐蚀。

(3)表面平滑光洁,容易维护清洗。

三聚氰胺板常用于室内建筑及各种家具的装饰上,也是一种墙面装饰材料,不能用于地面装饰。

三聚氰胺板常用规格:2440 mm×1220 mm,厚 1.5～1.8 cm。

9. 防火板

防火板又名耐火板,学名为热固性树脂浸渍纸高压层积板。防火板是由原纸(钛粉纸、牛皮纸)经过三聚氰胺与酚醛树脂的浸渍工艺,经过高温高压环境制成,是表面装饰用耐火建材,有丰富的表面色彩、纹路以及特殊的物理性能。

防火板因其色泽艳丽、花样选择多、耐磨、耐高温、易清洁、防水、防潮等特性,已成为橱柜市场的主导产品(见图 4-15),并被越来越多的家庭选择和接受,广泛用于室内装饰、家具、实验室台面、外墙等领域。

图 4-15

10. 铝塑板

铝塑板(见图 4-16)由性质截然不同的两种材料——金属和非金属组成,它既保留了原组成材料的主要特性,又克服了原组成材料的不足,进而获得了众多优异的材料性质,如豪华、艳丽多彩的装饰性,耐候、耐腐蚀、耐撞击,防火、防潮,隔音,隔热,抗震,质轻,易加工成型,易搬运安装等特性。

图 4-16

它可以用于大楼外墙、帷幕墙板、旧楼改造、室内墙壁及天花板装修、广告招牌、展示台架、净化防尘工程,属于一种新型建筑装饰材料。

第三节
玻璃类饰面

玻璃是一种较为透明的固体物质,是在熔融时形成连续网络结构,冷却过程中黏度逐渐增大并硬化而不结晶的硅酸盐类非金属材料。普通玻璃化学氧化物的组成为 $Na_2O \cdot CaO \cdot 6SiO_2$,主要成分是二氧化硅。玻璃广泛应用于建筑物,用来隔风透光。

玻璃在装饰中的应用有悠久的历史,玻璃装饰材料在现代装修中是较常见的一种材料,随着生活水平的提高,玻璃装饰材料的应用也将更加广泛。

一、平板玻璃

平板玻璃(见图 4-17)是最常见的一种传统玻璃品种,也称白片玻璃或净片玻璃。其表面具有较好的透明度且光滑平整。

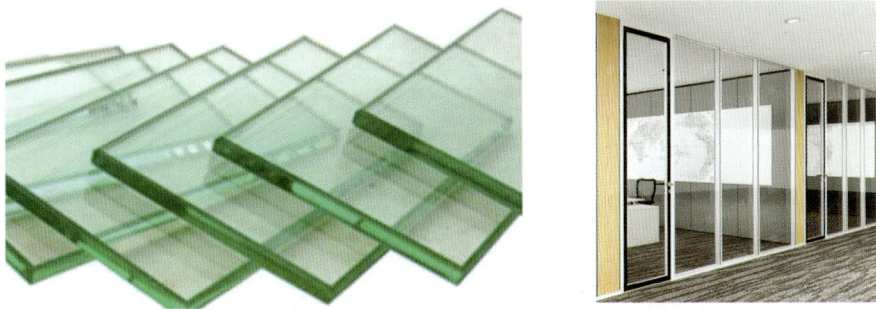

图 4-17

平板玻璃具有透光、透明、保温、隔声、耐磨、耐气候变化等性能。平板玻璃主要物理性能指标:折射率约 1.52;透光度 85% 以上(厚 2 毫米的玻璃、有色和带涂层者除外)。

平板玻璃具有隔声和一定的保温性能,其抗拉强度远小于抗压强度,是典型的脆性材料。热稳定性较差,急冷急热易发生爆裂。

平板玻璃按厚度可分为薄玻璃、厚玻璃、特厚玻璃;按表面状态可分为普通平板玻璃、压花玻璃、磨光玻璃、浮法玻璃等。

1. 普通平板玻璃

普通平板玻璃亦称窗玻璃,具有透光、隔热、隔声、耐磨、耐气候变化等性能,有的还有保温、吸热、防辐射等特征,因而广泛应用于镶嵌建筑物的门窗、墙面及室内装饰等(见图 4-18)。

图 4-18

2. 压花玻璃

压花玻璃是采用压延方法制造的一种平板玻璃,在玻璃硬化前用刻有花纹的辊筒在玻璃的单面或者双面压上花纹,从而制成单面或双面有图案的压花玻璃(见图 4-19)。

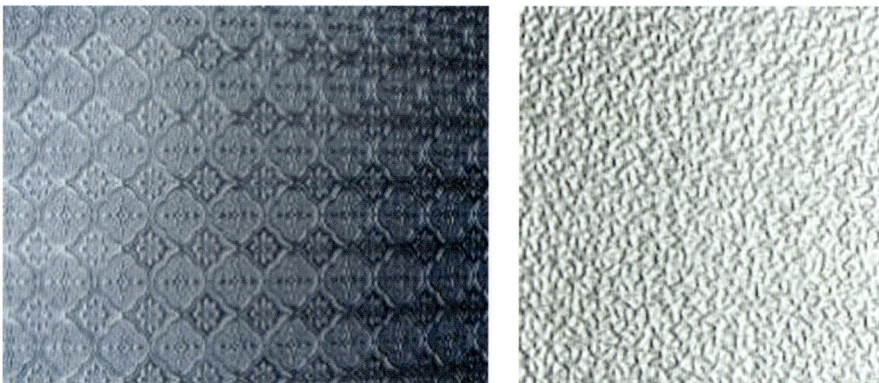

图 4-19

压花玻璃的表面压有深浅不同的各种花纹图案,由于表面凹凸不平,所以光线透过时即产生漫射,因此从玻璃的一面看另一面的物体时,物像就模糊不清,形成了这种玻璃透光不透视的特点。另外,压花玻璃由于表面具有各种方格、圆点、菱形、条状等花纹图案,非常漂亮,所以也具有良好的艺术装饰效果。

压花玻璃主要应用于门窗玻璃、卫浴间玻璃隔断等。玻璃上的花纹和图案漂亮精美,装饰效果较好。这种玻璃能阻挡一定的视线,同时又有良好的透光性。为避免尘土的污染,安装时要注意将印有花纹的一面朝向内侧。

3. 磨光玻璃

磨光玻璃(见图 4-20)又称镜面玻璃,是由平板玻璃经过抛光后制成的玻璃,分单面磨光和双面磨光两种,表面平整光滑且有光泽。透光率大于 84%,厚度为 4~6 mm。

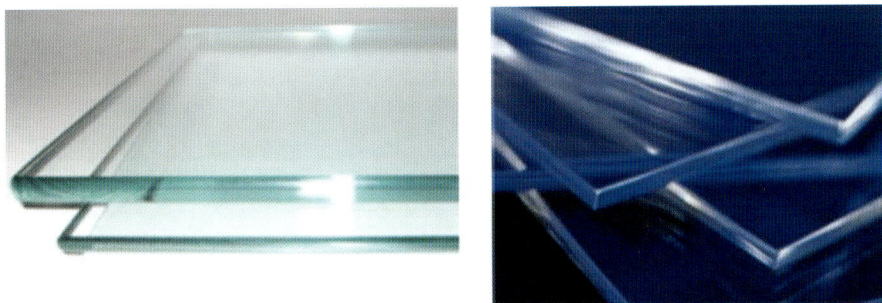

图 4-20

磨光玻璃就是用金刚砂、硅砂等磨料对普通平板玻璃或压延玻璃的两个表面进行研磨,使之平坦以后,再用红粉、氧化锡及毛毡进行抛光。

磨光玻璃主要用于大型高级建筑的门窗采光、橱窗或制镜。磨光玻璃虽然性能较好,但价格较贵。自从浮法玻璃工艺出现后,磨光玻璃的用量已逐渐减少。

4. 浮法玻璃

浮法玻璃生产的成型过程是在通入保护气体(N_2 及 H_2)的锡槽中完成的。浮法玻璃的透明度也比较高,表面比较光滑,平面度比较好,透明、明亮、纯净,可使室内的光线明亮、视野开阔。它是建筑门窗、天然采光的首选材料,是应用广泛的建筑材料之一(见图 4-21)。

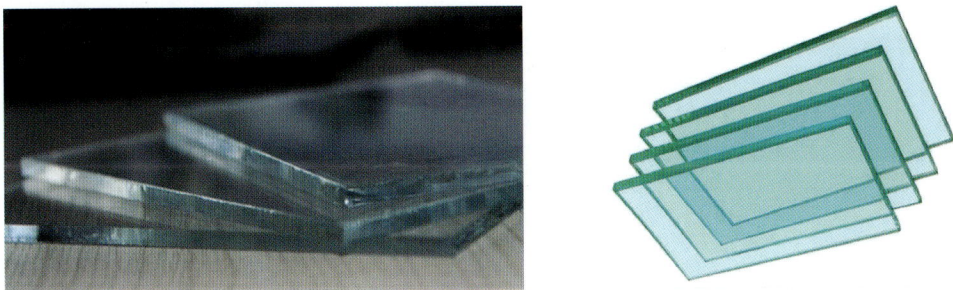

图 4-21

浮法玻璃应用广泛,主要应用于高档建筑、高档玻璃加工和太阳能光电幕墙领域以及高档玻璃家具、装饰用玻璃、仿水晶制品、灯具玻璃、精密电子行业、特种建筑等。

二、彩色玻璃

彩色玻璃(见图 4-22)是由透明玻璃粉碎后用特殊工艺染色制成的一种玻璃,分为透明、半透明、不透明三种。

图 4-22

（1）透明彩色玻璃具有良好的装饰效果，在光线的照射下形成五彩缤纷的投影，造成一种神秘、梦幻效果。

（2）半透明彩色玻璃具有透光不透视特性，用在门窗上能在一定程度上保护隐私，也可以作为装饰材料使用。

（3）不透明彩色玻璃是在平板玻璃上喷涂彩色釉或高分子有色涂料制成，也称为喷绘玻璃，用于室内能营造现代感。

彩色玻璃还可以用于铺路，铺成的彩色防滑减速路面的耐久性能大为提高，而且色彩艳丽程度高于使用花岗岩或石英砂作为骨料的传统彩色防滑路面（见图 4-23）。

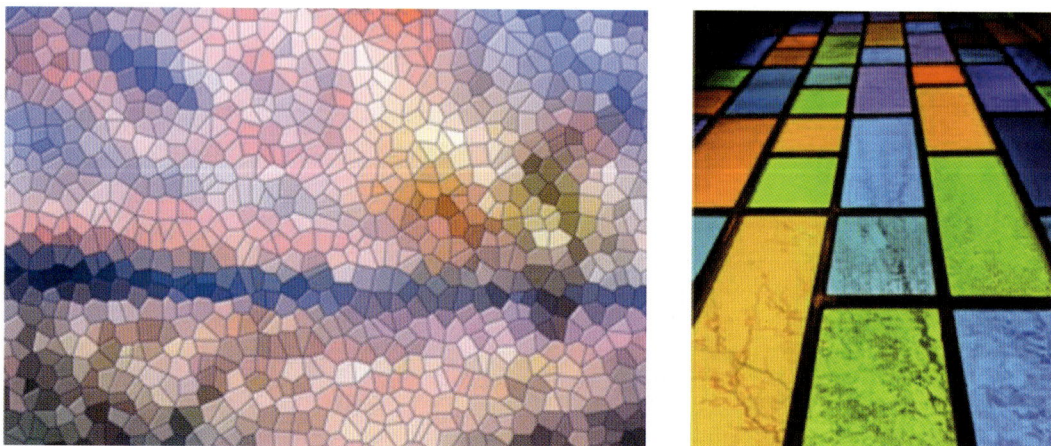

图 4-23

三、磨砂玻璃

磨砂玻璃又叫毛玻璃、暗玻璃，是由普通平板玻璃经机械喷砂、手工研磨（如金刚砂研磨）或化学方法处理（如氢氟酸溶蚀）等，将表面处理成粗糙不平的半透明玻璃。磨砂玻璃一般多用在办公室、卫生间的门窗上面，也可以用作其他房间的玻璃（见图 4-24）。

磨砂玻璃的优点：

（1）隔音效果好：常常使用磨砂玻璃来生产隔音玻璃。

图 4-24

(2)安全程度高:玻璃属于易碎品,在受到外力的作用后,玻璃很容易就破碎了,使用起来很不安全,但是用磨砂玻璃的话,不但很好地解决了安全方面的问题,而且价格相对来说也比较低,使用的时间也比较长。

(3)保护了隐私:磨砂玻璃从外面看不清室内的情况,给人一种很模糊的感觉,很好地保证了房间的私密性。虽然从外面看很模糊,但是从内向外看的话,看得却很清楚,而且不会对采光产生影响,室内的采光也很好。

四、钢化玻璃

钢化玻璃(见图 4-25)属于安全玻璃,其实是一种预应力玻璃,为提高玻璃的强度,通常使用化学或物理的方法,在玻璃表面形成压应力,玻璃承受外力时首先抵消表层应力,从而提高了承载能力,增强玻璃自身抗风压性、抗寒暑性、抗冲击性等。

图 4-25

1. 优点

（1）强度较之普通玻璃提高数倍，抗弯。

（2）使用安全，其承载能力增强，改善了易碎性质，即使钢化玻璃破裂也为无锐角的小碎片，对人体的伤害极大地降低了。

（3）钢化玻璃的耐急冷急热性质较之普通玻璃有3～5倍的提高，一般可承受250 ℃以上的温差变化，对防止热炸裂有明显的效果。钢化玻璃是安全玻璃中的一种，有助于保障高层建筑的安全性。

2. 缺点

（1）钢化后的玻璃不能再进行切割加工。

（2）钢化玻璃强度虽然比普通玻璃强，但是钢化玻璃有自爆的可能性（见图4-26），而普通玻璃不存在自爆的可能性。

图 4-26

（3）钢化玻璃的表面会存在凹凸不平的现象（风斑），有轻微的厚度变薄。

（4）通过钢化炉（物理钢化）后的建筑用的平板玻璃，一般都会有变形，变形程度由设备与技术人员工艺水平决定，在一定程度上影响了装饰效果。

五、夹层玻璃

夹层玻璃是由两片或更多片玻璃之间夹一层或多层有机聚合物中间膜，经过特殊的高温预压（或抽真空）及高温高压工艺处理后，使玻璃和中间膜永久地黏合为一体的复合玻璃产品（见图4-27）。

夹层玻璃即使碎裂，碎片也会被粘在薄膜上，破碎的玻璃表面仍保持整洁光滑。这就有效防止了碎片扎伤和穿透坠落事件的发生，确保了人身安全。在欧美，大部分建筑玻璃都采用夹层玻璃，这不仅是为了避免伤害事故，还因为夹层玻璃有极好的抗震、抗入侵能力。

钢化玻璃不能切割，需要在钢化前切好尺寸，且有自爆特性。而夹层玻璃作为一种安全玻璃在受到

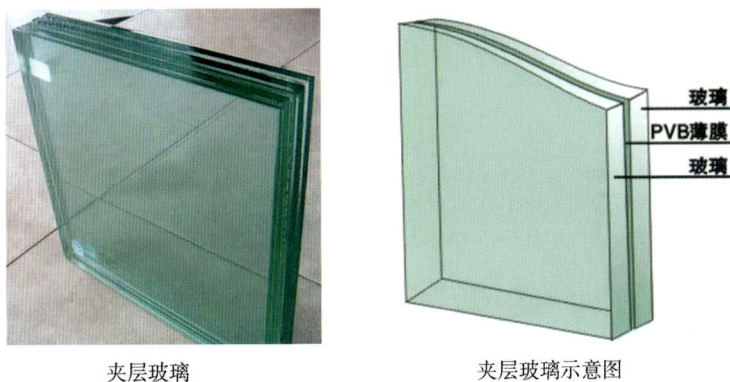

夹层玻璃　　　　　　　　　　　　　　夹层玻璃示意图

图 4-27

撞击破碎后,由于其两片普通玻璃中间夹的中间膜的粘接作用,不会像普通玻璃破碎后那样产生锋利的碎片伤人。同时,它的中间膜所具备的隔音、控制阳光的性能又使之成为具备节能、环保功能的新型建材。

夹层玻璃能阻隔声波,维持安静、舒适的办公环境。其特有的过滤紫外线功能,既保护了人们的皮肤健康,又可使家中的贵重家具、陈列品等摆脱褪色的厄运。它还可减弱太阳光的透射,降低制冷能耗。

六、夹丝玻璃

夹丝玻璃别称防碎玻璃,是将普通平板玻璃加热到红热软化状态时,再将预热处理过的铁丝或铁丝网(见图 4-28)压入玻璃中间而制成。它的特性是防火性优越,可遮挡火焰,高温燃烧时不炸裂,破碎时不会造成碎片伤人。另外还有防盗性能,玻璃割破还有铁丝网阻挡。夹丝玻璃主要用于屋顶天窗、阳台窗户。

主要特点:

防火性:夹丝玻璃即使被打碎,线或网也能支住碎片,很难崩落和破碎。即使在火焰穿破的时候,也可遮挡火焰和火星的侵入,有防止从开口处扩散燃烧的效果。

安全性:夹丝玻璃能防止碎片飞散。即使遇到地震、暴风、冲击等外部压力使玻璃破碎时,碎片也很难飞散,所以与普通玻璃相比,不易造成碎片飞散伤人。

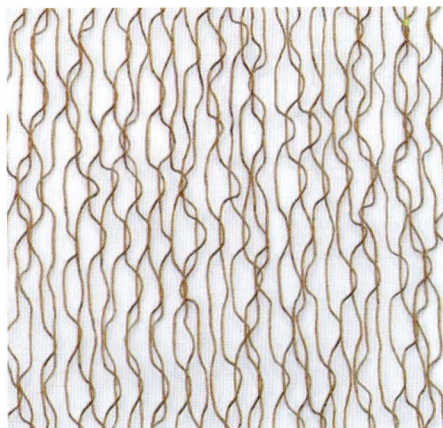

图 4-28

防盗性:普通玻璃很容易打碎,所以小偷可以潜入进行非法活动,而夹丝玻璃则不然。即使玻璃破碎,仍有金属线网在起作用,所以小偷不可能轻易进行偷盗。

七、中空玻璃

中空玻璃(见图 4-29)是用两片(或三片)玻璃,使用高强度、高气密性复合黏结剂,将玻璃片与内含干燥剂的铝合金框架黏结,制成的高效能隔音隔热的玻璃。中空玻璃是一种良好的隔热、隔音、美观实用并可降低建筑物自重的新型建筑材料。

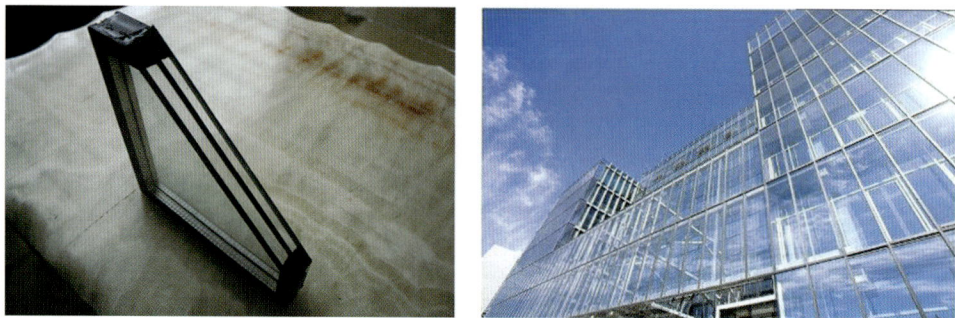

图 4-29

中空玻璃的特点：

（1）较好的节能效果。

由于有一层特殊的金属膜，可达到 0.22～0.49 的遮蔽系数，使室内空调（冷气）负载减轻。传热系数 1.4～2.8 W/(m² · K)，对减轻室内暖气负荷，同样发挥很大作用。

（2）改善室内环境。

可以拦截由太阳射到室内的相当的能量，因而可以减轻因辐射热引起的不舒适感和防止夕照阳光引起的目眩。

（3）丰富的色调和艺术性。

有多种色彩，可以根据需要选用色彩，以达到更理想的艺术效果。

中空玻璃主要用于需要采暖、空调、防止噪声或结露以及需要无直射阳光和特殊光的建筑物上。具体应用于住宅、饭店、宾馆、办公楼、学校、医院、商店等需要室内空调的场合。也可用于火车、汽车、轮船、冷冻柜的门窗等处。

八、玻璃砖

玻璃砖是用透明或彩色玻璃料压制成型的块状或空心盒状、体形较大的玻璃制品（见图 4-30），主要有空心砖、实心砖两种，多数情况下，并不作为饰面材料使用，而是作为结构材料，如墙体、屏风、隔断等。

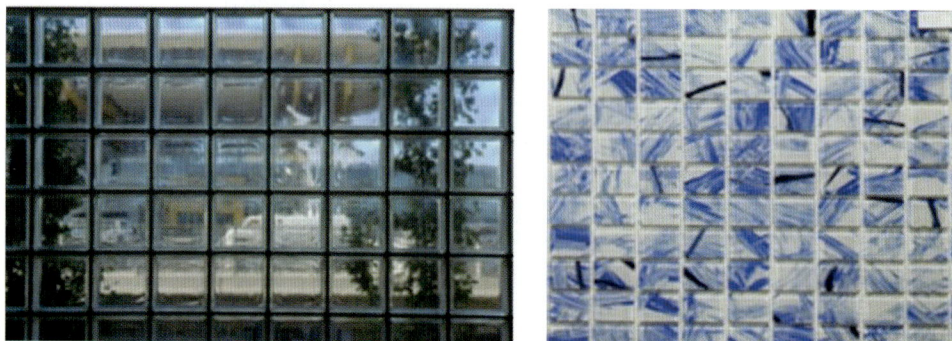

图 4-30

玻璃砖主要种类：

目前市面上流行的玻璃砖，从类型上主要分为实心玻璃砖与空心玻璃砖，其品种主要有玻璃饰面砖、玻璃锦砖（玻璃马赛克）、玻璃空心砖等。

(1)玻璃空心砖一般是由两块压铸成的凹形玻璃,经熔接或胶结成整块的空心砖(见图 4-31)。

图 4-31

(2)玻璃饰面砖又叫作"三明治瓷砖",它采用两块透明的聚合材料制成的抗压玻璃板做"面包",中间的夹层可以随意搭配,放入其他材料,整个饰面砖就活了起来,特别适合设计师的自由发挥(见图 4-32)。

图 4-32

(3)玻璃锦砖也叫玻璃马赛克,是一种小规格的材料,主要用于外墙面、地面的装饰。

玻璃锦砖大小一般为 20 mm×20 mm×4 mm,背面略凹,四周呈斜面,有利于与基面黏结牢固。

它与陶瓷锦砖在外形和使用方法上有相似之处,有红、黄、蓝、白、金、银色等各种丰富的颜色,有透明、半透明、不透明等品种(见图 4-33)。

图 4-33

九、热反射玻璃

热反射玻璃(见图 4-34)又称阳光控制镀膜玻璃,是一种对太阳光具有反射作用的镀膜玻璃,通常是采用物理或化学方法在优质浮法玻璃的表面镀一层或多层金属或金属氧化物薄膜而成。

图 4-34

热反射玻璃有较强的热反射性能,可有效地反射太阳光线,包括大量红外线,因此在日照时,使室内的人感到清凉舒适。

主要特点:

(1)对光线具有反射和遮蔽作用。对可见光的透过率在 20％～65％的范围内,它对阳光中热作用强的红外线和近红外线的反射率可高达 50％,而普通玻璃只有 15％。这种玻璃可在保证室内采光柔和的条件下,有效地屏蔽进入室内的太阳辐射能。

(2)镜面效应。热反射玻璃具有强烈的镜面效应,因此也称为镜面玻璃。用这种玻璃作玻璃幕墙,可将周围的景观及天空的云彩映射在幕墙之上,构成一幅绚丽的图画,使建筑物与自然环境达到完美和谐。热反射玻璃有灰色、青铜色、茶色、金色、浅蓝色和古铜色等。

十、微晶玻璃

微晶玻璃又称微晶玉石或陶瓷玻璃。微晶玻璃是指在玻璃中加入某些成核物质,通过热处理、光照射或化学处理等手段,在玻璃内均匀地析出大量的微小晶体,形成致密的微晶相和玻璃相的多相复合体。

微晶玻璃像陶瓷一样,由晶体组成,它的原子排列是有规律的。所以,微晶玻璃比陶瓷的亮度高,比玻璃的韧性强(见图 4-35)。

微晶玻璃装饰板(见图 4-36)是一种由适当玻璃颗粒经烧结与晶化,制成的微晶体和玻璃的混合体。其质地坚硬、密实均匀,且生产过程中无污染,产品本身无放射性污染,是一种新型的环保绿色材料。

微晶玻璃装饰板各项质量指标(高硬度、耐腐蚀、抗压、抗冲击、不吸水、少沾尘、无辐射)均优于天然石材板材。

在原料中加入不同的无机着色剂,可生产出多种色彩、色调均匀一致或色彩斑斓的产品。在阳光照射下具有玻璃般晶莹剔透、璀璨发亮的光学效果。

微晶玻璃的应用如图 4-37 所示。

图 4-35

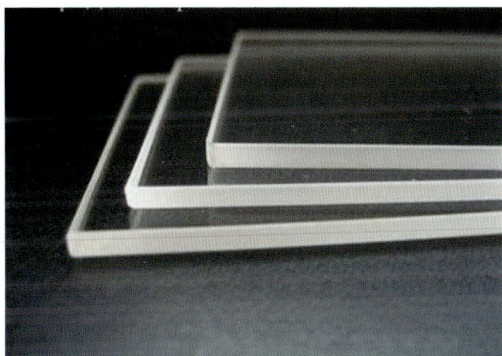
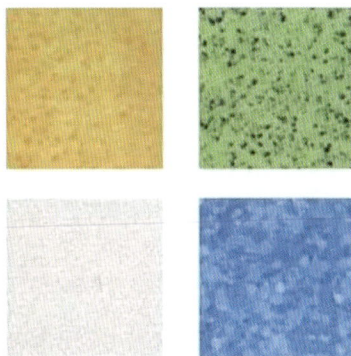

图 4-36

图 4-37

十一、热熔玻璃

　　热熔属于玻璃热加工工艺,即把平板玻璃烧熔,凹陷入模成型。热熔玻璃图案丰富、立体感强、装饰华丽、光彩夺目,改变了普通装饰玻璃立面单调呆板的感觉,使玻璃面具有很生动的造型(见图 4-38)。

　　热熔玻璃有热熔玻璃砖、门窗用热熔玻璃、大型墙体嵌入玻璃、隔断玻璃、一体式卫浴玻璃洗脸盆、玻璃艺术品等各种产品,可以用于客厅电视和沙发背景墙、门窗玻璃、隔断、玄关等各处。

图 4-38

第四节
其他饰面材料

1. 陶瓷墙砖

陶瓷墙砖按用途分为内墙砖、外墙砖；按材质分为瓷质砖、半瓷质砖、陶质砖。

2. 石材饰面

石材饰面按装饰效果分为抛光面、磨光面、切割面、火烧面、凿击面、斧剁面、喷砂面、蘑菇面、打楔面。石材饰面如图 4-39 所示。

3. 金属板饰面

用于建筑的金属装饰材料主要有金、银、铜、铝、铁及其合金。特别是钢和铝合金更以其优良的机械性能、较低的价格而被广泛应用。在建筑装饰工程中主要应用的是金属材料的板材、型材及其制品。近代将各种涂层、着色工艺用于金属材料，不但大大改善了金属材料的抗腐蚀性能，而且赋予了金属材料以多变、华丽的外表，更加确立了其在建筑装饰艺术中的地位。

图 4-39

（1）建筑装饰常用钢材有不锈钢、彩色不锈钢及其制品、彩色涂层钢板、涂色镀锌钢板、建筑用压型钢板、轻钢龙骨等。

（2）铝合金以它特有的结构性和独特的建筑装饰效果，被广泛用于建筑工程中，如铝合金门、窗，铝合金柜台、货架，铝全金装饰板，铝合金龙骨吊顶等。我国铝合金门窗的起点较高，进步较快。现在我国已有平开铝窗、推拉铝窗、平开铝门、推拉铝门、铝制地弹簧门等几十种系列投入市场。墙面装饰铝板如图 4-40 所示。

（3）铜及铜合金也是建筑装饰常用材料之一。铜又称紫铜，因它常呈紫红色。纯铜的密度为 8.96 g/cm^3，熔点为 1083 ℃，导电性、导热性好（仅次于银），耐腐蚀性好，其强度较低、塑性较高，不适宜用作结构材料，主要用于制造导电器材或配制各种铜合金。

4. 陶瓷薄板

陶瓷薄板(简称薄瓷板)是一种由高岭土、黏土和其他无机非金属材料,经成型、1200 ℃高温煅烧等生产工艺制成的板状陶瓷制品。其厚度为 3 mm 或 5 mm,用料少、环保(见图 4-41)。

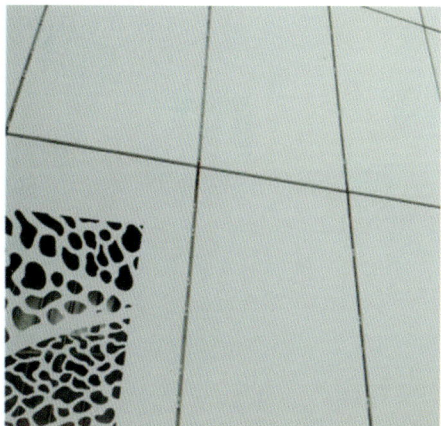

图 4-40　　　　　　　　　　　　　　　　　　　图 4-41

5. 瓷砖背景墙

瓷砖背景墙运用当代最新的印刷技术,加上特殊的制作工艺,把任意所喜爱的图案印制或雕刻到日常所见的不同材质的普普通通的瓷砖上,让每一片常规的瓷砖成为一件件艺术品,再把瓷砖铺设在室内墙面上就成了瓷砖背景墙(见图 4-42)。由于是个性定制,可根据家庭的装修实际尺寸来进行定做,图案个性选择,独一无二的体验逐渐让其成为人们装修的首选。

图 4-42

瓷砖背景墙的主要工艺有:

(1)精雕:融合烧釉与微雕双重高新科技,凹凸画面上起伏呈现高温烧结的色彩,立体感强、通透性好、逼真度高,保存时间久,收藏价值高。对陶瓷、玻璃等硬质原材料可做精雕,精雕具有以下优势:图案形状不受限制,有不同程度的凹凸深度,精雕边缘可垂直,可多层次。

(2)幻彩:对于原材料已有的凹凸、光面、亚光面、色彩纹路均可上色,且对画面还原度高,分辨率高达3600 万像素,图像质感细腻,可与广告界写真喷绘效果媲美。

第五节
墙面施工工艺

一、拆墙、砌墙施工流程及施工要点

1.拆除原墙体

拆墙施工要点如下：

(1)拆墙不准破坏承重结构,不准破坏外墙面,不能损坏楼下或隔壁墙体的成品(见图4-43)。

图 4-43

(2)拆地面砖时要预防打裂楼板层,新开楼梯口四周要用切割机切割。

(3)原有煤气管道以及电视、电话、电脑、门铃线等因墙体改位后,应进行保护,不得随便切断或埋入墙内。

(4)堵塞住地漏、排水孔,并做好现场成品保护(见图4-44),避免拆除施工时碎石等物掉入管道堵塞管道以及损坏现场成品。

封盖

防护网

图 4-44

(5)拆外门、窗和拆阳台地砖、瓷片要注意施工方法,做好保护措施,避免拆除时碎石坠落伤人。

2. 砌墙

砌墙施工流程:

(1)根据图纸放样,在地面画线。

(2)挂好垂直线及水平线,这样才能保证砌墙横平竖直(见图 4-45)。

(3)砌墙前将地面及砖用水浇湿。

(4)按照水泥、沙 1∶3 的比例搅拌好水泥砂浆。不允许在铺设地板的地方搅拌水泥砂浆。

砌墙注意事项:

(1)砌墙的灰缝宽度以 8~10 mm 为宜,砌墙的高度一天控制在 2 m 为宜。

(2)砌墙要注意其安全牢固、实用可靠,砖砌体的转角交接处应每隔 8~10 行砖配置 2 根 φ6 拉结钢筋,伸入两侧墙中不小于 500 mm,如图 4-46 所示。新墙与旧墙交接处,每隔 500 mm 高应设置 2 根 φ8 拉结钢筋,伸

图 4-45

入新墙中不小于 500 mm,砌砖交错接口,如图 4-47 所示。原墙体若是砌体,拉结钢筋插入不小于 200 mm;原墙体若是混凝土墙体,则钻孔焊接或用膨胀螺栓连接;若原墙体是砖墙,则采用接槎形式,隔五进一。

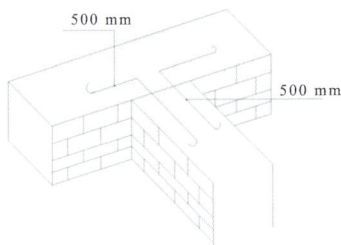

图 4-46

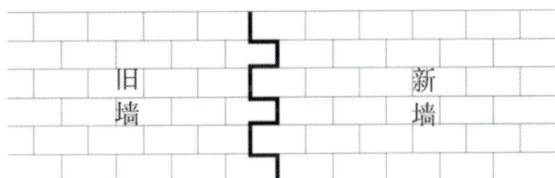

砌砖时应交错接口

图 4-47

3. 批荡

批荡施工流程:

(1)搅拌水泥砂浆。水泥与沙的比例一般为 1∶3。

(2)冲筋(见图 4 48)。宜每隔 1.5 m 一条,待冲筋水泥 24 h 干透后,才可在打湿的墙体上大面积批荡。

(3)批荡(见图 4-49)。批荡一遍不宜太厚,每遍厚度不应超过 10 mm。如果是老墙,批荡墙体要充分湿润,清理好墙体表面的灰尘、污垢、油漆等才可进行批荡施工。

(4)压光(见图 4-50)。普通批荡要求砂光,高级批荡要求压光。

(5)检测批荡的平整度(见图 4-51)。

图 4-48

图 4-49

图 4-50

图 4-51

批荡施工要点:

(1)批荡前,砖、混凝土等基体表面的灰尘、污垢和油渍等,应清理干净,并洒水湿润。

(2)室内批荡应待上下水、煤气等管道安装后进行,批荡前必须将管道穿过的墙洞和楼板洞加套管保护、填嵌密实,再进行批荡。

(3)批荡施工时,应待前一层批荡层凝结后,方可抹后一层。批荡在凝结前,应防止水冲、撞击和振动。

(4)批荡每遍厚度为 5～7 mm,批荡总厚度要求如下。

①顶棚、板条、空心砖、现浇混凝土 15 mm,预制混凝土 18 mm,金属网 20 mm。

②内墙:普通批荡 18 mm,中级批荡 20 mm,高级批荡 25 mm。

二、包立管施工流程及施工要点

(1)用橡塑板进行包管。

(2)使用白胶带固定。

(3)用灰砖围砌立管。

①量好尺寸并按尺寸切砖。

②砌砖。

排水立管如图 4-52 所示。包立管施工流程如图 4-53 和图 4-54 所示。

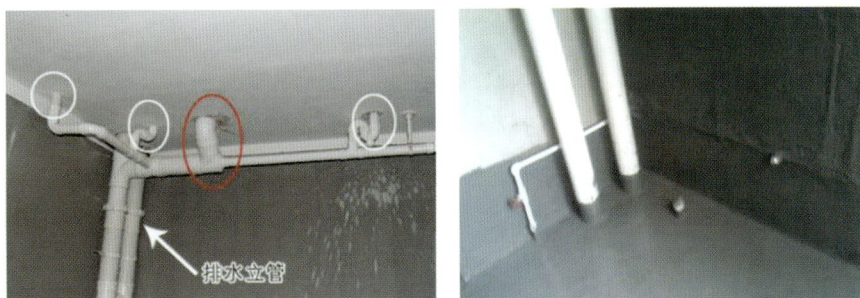

图 4-52

图 4-53   图 4-54

三、墙纸、墙布装饰施工流程及施工要点

1. 裱糊类墙面的构造

墙体上用水泥石灰浆打底,使墙面平整。干燥后满刮腻子,并用砂纸磨平,然后用糯米胶或其他胶黏剂粘贴墙纸。

2. 裱贴墙纸、墙布主要工艺流程

清扫基层、填补缝隙→石膏板面接缝处粘接缝带、补腻子、磨砂纸→满刮腻子、磨平→涂刷防潮剂→涂刷底胶→墙面弹线→壁纸浸水→壁纸、基层涂刷黏结剂→墙纸裁纸、刷胶→上墙裱贴、拼缝、搭接、对花→赶压胶黏剂气泡→擦净胶水→修整。

3. 裱贴墙纸、墙布施工要点

(1)基层处理时,必须清理干净、平整、光滑。为防止墙纸、墙布受潮脱落,可涂刷一层防潮涂料,防潮涂料应涂刷均匀,不宜太厚。

①混凝土和抹灰基层:墙面清扫干净,将表面裂缝、坑洼不平处用腻子找平。再满刮腻子,打磨平。根据需要决定刮腻子遍数。

②木基层:木基层应刨平,无毛刺、戗茬,无外露钉头。接缝、钉眼用腻子补平。满刮腻子,打磨平整。

③石膏板基层:石膏板接缝用嵌缝腻子处理,并用接缝带贴牢。表面刮腻子。

(2)涂刷底胶一般使用 107 胶,底胶一遍成活,但不能有遗漏。

(3)弹垂直线和水平线,以保证墙纸、墙布横平竖直、图案正确。

(4)塑料墙纸遇水会膨胀,因此要用水润纸,使塑料墙纸充分膨胀。玻璃纤维基材的壁纸、墙布等,遇水无伸缩,无须润纸。复合纸壁纸和纺织纤维壁纸也不宜闷水。

(5)粘贴后,赶压墙纸胶黏剂,不能留有气泡,挤出的胶要及时揩净。

4. 注意事项

(1)墙面基层含水率应小于 8%。

(2)墙面平整度用 2 米靠尺检查,高低差不超过 2 毫米。

(3)先对图案、后拼缝,使上下图案吻合。

(4)禁止在阳角处拼缝,墙纸要裹过阳角 20 毫米以上。

(5)裱贴玻璃纤维墙布和无纺墙布时,背面不能刷胶黏剂,直接将胶黏剂刷在基层上。因为墙布有细小孔隙,胶黏剂会印透表面而出现胶痕,影响美观。

四、罩面类墙面装饰施工流程及施工要点

1. 木护墙板、木墙裙的构造

在墙内埋设防腐木砖,将木龙骨架固定在木砖上,然后将面板钉或粘在木龙骨架上。木龙骨断面为 20~40 毫米×40~50 毫米,木龙骨间距为 400~600 毫米。

2. 木护墙板、木墙裙施工工艺流程

处理墙面→弹线→制作木骨架→固定木骨架→安装木饰面板→安装收口线条。

3. 施工要点

(1)墙面要求平整。如墙面平整度误差在 10 毫米以内,可采取抹灰修整的办法;如误差大于 10 毫米,可在墙面与龙骨之间加垫木块。

(2)根据护墙板高度和房间大小定做木棒筋骨,整片或分片安装,在木墙裙底部安装踢脚板,将踢脚板固定在垫木及墙板上,踢脚板高度 150 毫米,冒头用木线条固定在护墙板上。

（3）根据面板厚度确定木龙骨间距尺寸，横龙骨一般在 400 毫米左右，竖龙骨一般在 600 毫米。面板厚度为 1 毫米以上时，横龙骨间距可适当放大。

（4）钉木钉时，护墙板顶部要拉线找平，木压条规格尺寸要一致。

（5）木墙裙安装后，应立即进行饰面处理，涂刷清漆一遍，以防止其他工种污染板面。

4. 注意事项

墙面潮湿，应待干燥后施工，或做防潮处理。一是可以先在墙面做防潮层；二是可以在护墙板上、下留通气孔；三是可以通过墙内木砖出挑，使面板、木龙骨与墙体隔开一定距离，避免潮气对面板的影响。

两个墙面的阴阳角处，必须加钉木龙骨。

如涂刷清漆，应挑选同树种、颜色和花纹的面板。

五、大理石墙面、窗台石铺贴施工流程及施工要点

1. 墙面大理石铺贴施工流程及施工要点

（1）清理墙面基层，刮掉造成墙体表面不平整的污垢、油漆等。

（2）墙体表面洒水湿润（见图 4-55）。

（3）打花墙体表面，以增加水泥砂浆的吸附力（见图 4-56）。

（4）刷防潮层（见图 4-57）。

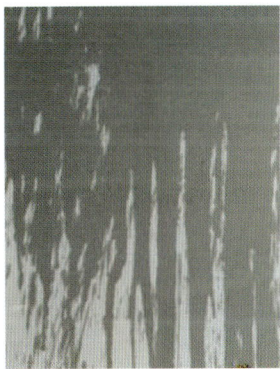
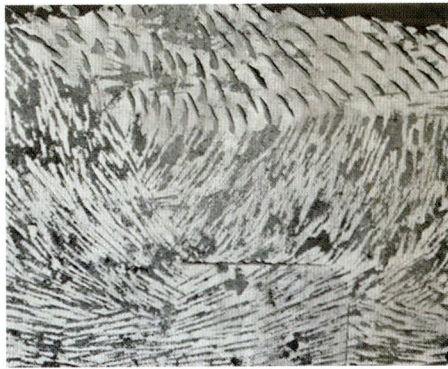
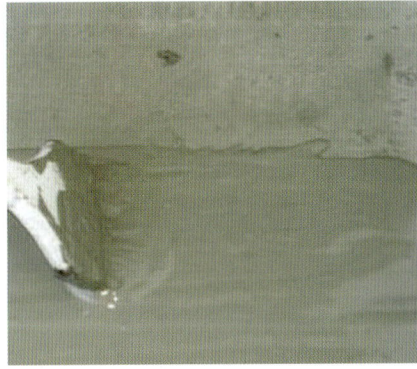

图 4-55　　　　　　　　图 4-56　　　　　　　　图 4-57

（5）弹好横、竖线。

在墙面上弹出板材水平线和垂直线，控制板材铺贴的平整度。

（6）因为每块大理石的纹理都不一样，为了美观性，设计师应该事先编排好大理石的位置，并绘制相应的图纸作为施工的依据。

（7）大理石背面开槽沟。

（8）固定挂线。因为大理石较重，所以挂铜线加强牢固度。

（9）刮水泥浆于大理石背面。为了美观，水泥采用和大理石颜色相近的白水泥。

（10）挂贴大理石。

（11）清洁铺贴好的大理石表面。

(12)白水泥勾缝。

(13)检测大理石的平整度。

2. 大理石、花岗石其他施工方法

(1)干挂。

干挂施工注意事项如下。

①要注意角铁的平整度,其平整度直接影响到大理石的平整度(见图4-58)。

②有些干挂需要用角铁在现场焊好架子。

③在安装大理石时按花纹顺序安装,用云石胶增强固定,再用干挂胶在大理石和角铁架上黏结,确保云石胶和干挂胶足量,从而保证大理石的粘贴强度。

④在粘贴大理石时不要把胶弄到大理石表面,如被胶粘到要及时清理、擦干净。大理石铺贴好后应及时保护。

图 4-58

(2)灌浆。

灌浆法也是贴外墙质量较重的大理石最常用的施工方法,其操作流程如下。

①先看大理石的图案花纹,确定铺贴的顺序及方法。

②拉好水平线及垂直线,一横二竖,确保平整度。

③把大理石按花纹顺序对好,按大理石的大小在墙体用冲击钻打入四个膨胀螺丝,固定好,在大理石的背面按比例尺寸开四个U形槽,把铜丝按U形槽方向固定好(用云石胶固定),待干透后把铜丝挂在膨胀螺丝上固定,确保连接牢固。

④从上方灌进水泥砂浆增加黏结力。灌注砂浆前应将石材背面基层湿润,并应用填缝材料临时封闭石材底部板缝,避免漏浆。灌注砂浆宜用1:2.5水泥砂浆,灌注时应分层进行,每层灌注高度宜为150～200 mm,且不超过板高的三分之一,插捣密实。待其初凝后方可再次灌注一层水泥砂浆(注:浅色大理石采用白水泥加建筑胶灌浆)。

3. 窗台石铺贴流程及施工要点

窗台石铺贴流程:

(1)原基础用冲击钻或者凿子打毛并浇水湿润。

(2)铺水泥砂浆底层。

(3)刮水泥浆。

(4)将根据窗台大小开好料的大理石贴于水泥浆上,并用橡皮锤敲实。

(5)用抹布清洁大理石面层。

(6)大理石面层贴保护膜保护,保护膜可采用珍珠棉或者包装纸等材料。

施工要点如下:

(1)窗台石的安装一般不超出墙面20 mm,铺贴窗台大理石前,正面需要进行磨边处理。

(2)门槛石通常也会采用大理石或者花岗石,门槛石应在铺地砖的时候同时铺好。

4. 踢脚线铺贴施工流程及施工要点

(1)根据踢脚线高度弹好施工线,踢脚线的高度多为 100 mm、120 mm、150 mm。

(2)在踢脚线瓷片背面刮水泥浆。

(3)根据弹好的施工线贴上踢脚线,同时量好踢脚线的垂直度。

(4)如垂直度有问题,随时用橡皮锤调整并敲实定位。

六、墙砖铺贴施工流程及施工要点

1. 工具准备

墙砖铺贴所需工具如图 4-59 所示。

橡皮锤

泥抹子

角尺

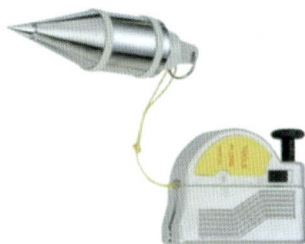
线坠

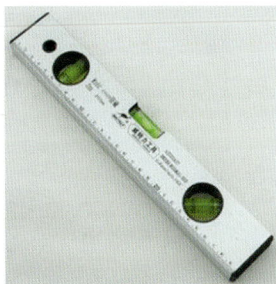
水平尺

卷尺

图 4-59

2. 墙砖铺贴施工流程

(1)弹线找规矩(见图4-60)。

(2)排砖(见图4-61)。

图 4-60　　　　　　　　　　　　　　　　　图 4-61

铺贴前应进行放线定位,并根据墙面宽度与瓷片规格尺寸进行试排,其要点如下:

①非整砖放在次要部位或阴角处。

②非整砖宽度不宜小于整砖的三分之一。

③注意花砖的位置、腰线的布置情况。腰线一般不高于 1200 mm、低于 900 mm,不允许被水龙头和底盒等破坏。

(3)粘贴墙砖。

①墙砖粘贴前,先用水平管测量出基准水平点,然后用墨盒线将两点连接,弹出水平基准线,用于控制内墙砖水平度和垂直度。

②在墙面均匀涂刷界面剂(见图4-62)。

③调和水泥砂浆,将水泥和中沙按照1∶2的比例拌和均匀。拌和均匀后在灰槽内加水搅拌,调和备用。搅拌好的水泥砂浆必须在 2 h 内用完,不能二次加水使用。

④将调和好的水泥砂浆均匀涂抹在内墙砖背面。粘贴内墙砖时,应按照墙面弹好的控制线,从最下的上一层开始铺贴(见图4-63)。

图 4-62　　　　　　　　　　　　　　　　　图 4-63

⑤贴好第一块砖后,需要用靠尺和线坠检查与砖饼在垂直和水平上是否一致(见图4-64)。如略微有不平整,需要用锤子轻轻敲击调整好。

图 4-64

⑥铺贴墙砖要先贴左端和右端墙砖,再贴中间墙砖。

⑦粘贴阴阳角瓷砖时,用云石机将做阳角内墙砖的一个边切割略大于45度角(见图4-65),切割斜边后应用砂轮片磨边,然后依次铺贴在墙面阳角处。

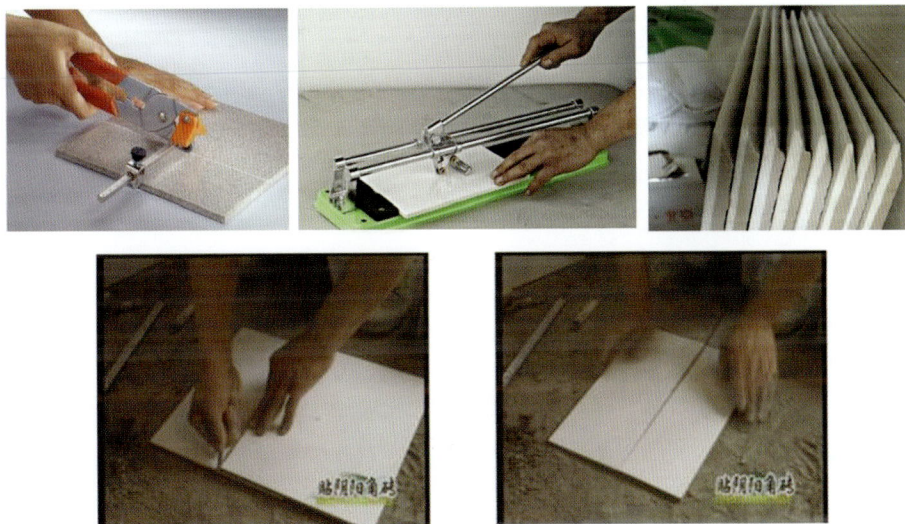

图 4-65

(4)勾缝、清理,目前大部分被瓷砖美缝替代(见图4-66和图4-67)。

图 4-66

图 4-67

勾缝施工注意事项:粘贴好的内墙砖要喷洒清水进行养护,这是为了保持墙面的湿润,防止水泥凝结速度过快形成空鼓。

3. 墙砖铺贴注意事项

(1)在粘贴阴阳角的时候,用角尺随时检查粘贴的质量,如图 4-68 所示,看是否为直角。

图 4-68

(2)在粘贴内墙砖的过程中,经常遇到水管、龙头等物体,这就需要在墙砖上开槽或打洞。通常采用云石机在内墙砖上开槽、打洞(见图 4-69)。

图 4-69

(3)如墙面是涂料基层,必须先铲除涂料层并打毛,涂刷水泥浆后,方能施工。

(4)铺砖前必须清理基层灰尘、油渍,进行管道封槽、墙洞填实等,并洒水湿润。

(5)墙砖上端贴至天花角线位即可,一边镶贴一边用水平尺或 2 m 靠尺检查水平度、垂直度、平整度,发现问题及时处理。

(6)如果贴瓷片出现问题,返工时拆除的瓷片位要重新补刷一次防水层。

七、轻钢龙骨隔墙的施工流程及施工要点

轻钢龙骨隔墙具有重量轻、强度较高、耐火性好、通用性强且安装简易等特性,有防震、防尘、隔音、吸音、保温等功效,同时还具有工期短、施工简便、不易变形等优点。轻钢龙骨隔墙结构如图 4-70 所示。

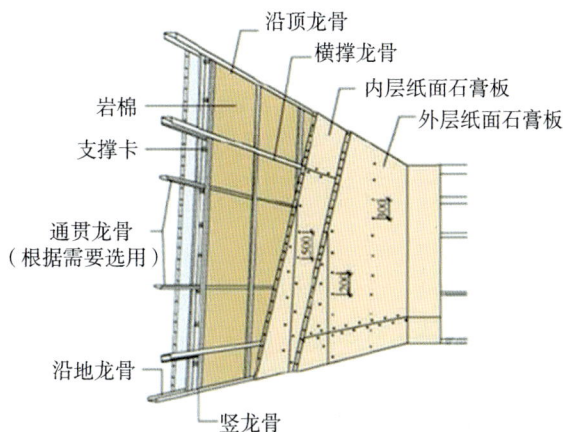

图 4-70

轻钢龙骨隔墙施工工艺:

定位、弹线→安装沿地、沿顶龙骨→安装竖龙骨→安装边龙骨→安装门窗洞口立柱→安装通贯龙骨→安装墙内管线→安装一侧纸面石膏板→填充保温隔热层→安装另一侧纸面石膏板→接缝处理→质量验收→饰面装饰。

1. 定位、弹线

根据工程设计纸面石膏板隔墙的位置,将隔墙位置准确地弹到地上并引至相应的侧墙和顶棚上,作为安装沿顶、沿地和竖向龙骨的依据(见图 4-71)。

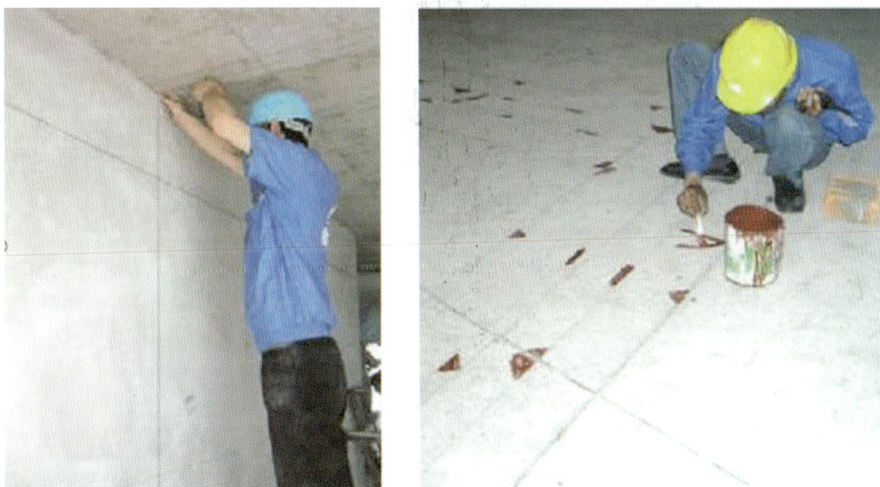

图 4-71

2. 安装沿地、沿顶龙骨

安装沿地、沿顶龙骨,间距为 800 mm,用射钉固定于相应位置上。

3. 安装竖龙骨

将轻钢竖龙骨上、下端分别插入沿顶、沿地龙骨内,并根据具体设计的要求,调整竖龙骨的间距,准确定位。每根竖龙骨安装定位以后,须用 $\phi 3.2 \ mm \times 8 \ mm$ 的抽芯铆钉将竖龙骨与沿顶、沿地龙骨锚牢。竖龙骨间距一般为 400～600 mm,如具体设计另有规定,应以具体设计规定为准。

4. 安装边龙骨

沿弹线位置固定边框龙骨,龙骨的边线应与弹线重合。龙骨的端部应固定,固定点间距不大于 1 m,固定应牢固(膨胀螺丝固定)。

5. 安装门窗洞口立柱

安装门窗洞口立柱与安装竖龙骨同时进行,且固定安装洞口水平龙骨。

6. 安装通贯龙骨

安装通贯、横撑龙骨,必须保证水平,然后用支撑卡卡牢固,不得有松动。支撑卡卡距不得大于 600 mm,如图 4-72 所示。

7. 安装墙内管线

按图纸要求预埋管道。采用局部加强措施,固定牢固。管道避免切断横、竖向龙骨,避免沿墙下段设置管线(见图 4-73)。

图 4-72

图 4-73

8. 安装一侧纸面石膏板

安装石膏板时,应先对埋在墙中的管道和有关附属设备采取局部加强措施,并进行验收,办理隐检手续,方可封板。纸面石膏板隔墙(或柱),凡易被碰坏、碰损的边角等处,应安装金属护角。金属护角用 12 mm 长圆钉固定,然后用嵌缝腻子嵌填于护角之上,将护角盖严,腻子干燥后用 2 号砂纸将腻子磨平打光,不得使护角露出腻子。

竖向铺设底部留 2～4 cm。横向接缝处加横撑,相邻板缝 5～8 mm(见图 4-74)。防潮或防火要求使用改性石膏板。

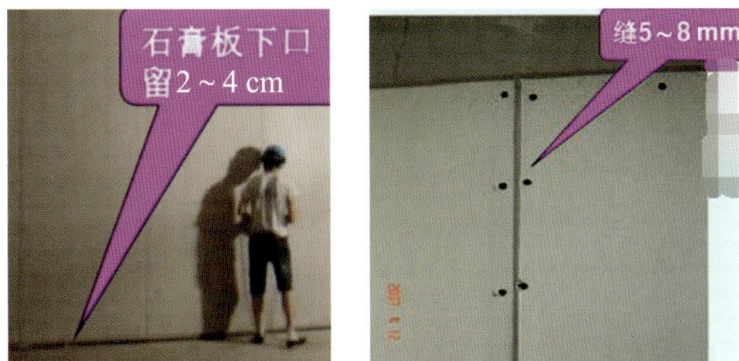

图 4-74

9. 填充保温隔热层

保温隔热层主要材料有吸音棉、矿棉、岩棉和聚氨酯等。填充保温隔热层如图 4-75 所示。

10. 安装另一侧纸面石膏板

要求同第 8 步。

11. 接缝处理

嵌缝腻子嵌入板缝和螺丝孔,如图 4-76 所示。

图 4-75

图 4-76

12. 质量检测

检测甲醛含量是否超标、设备管线的安装并进行水管试压等。

13. 饰面装饰

面层涂刷乳胶漆、粘贴墙纸等。

ZZ

Zhuangshi Cailiao yu Shigong Gongyi

第五章
其他装饰工程

第一节
灯　　具

一、照明光源

1. 白炽灯

白炽灯(见图 5-1)又叫作电灯泡,它的工作原理是电流通过灯丝时产生热量,螺旋状的灯丝不断将热量聚集,使得灯丝的温度达 2000 摄氏度以上,灯丝在处于白炽状态时,发出光来。灯丝的温度越高,发出的光就越亮。故称之为白炽灯。

图 5-1

白炽灯发光时,大量的电能将转化为热能,只有极少一部分(可能不到 1%)可以转化为有用的光能。白炽灯温度越高,灯丝就越容易升华。钨丝升华直接变成钨气,这些钨气体遇到温度较低的灯管壁又凝华在灯管壁上而发黑。当钨丝升华到比较细瘦时,通电后就很容易烧断,从而结束了灯的寿命,寿命大约有 1000 h。

2. 荧光灯

荧光灯(见图 5-2)又叫作日光灯,外形细长,两端各有一根灯丝,灯管内充有微量的氩和稀薄的汞蒸气,灯管内壁上涂有荧光粉,两个灯丝之间的气体导电时发出紫外线,使荧光粉发出柔和的可见光。不同的荧光物质会发出不同的可见光。镇流器和启辉器需要配套使用。

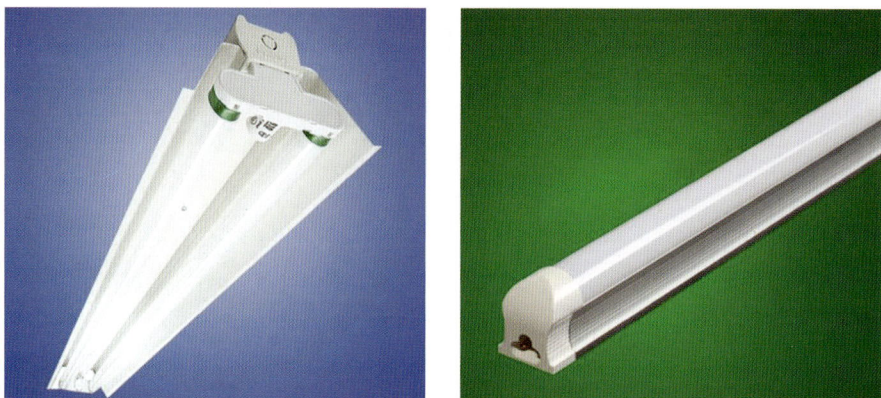

图 5-2

日光灯的效率约为 $60\% \times 40\% = 24\%$——大约为相同功率钨丝电灯的两倍。频闪会使眼睛疲劳。寿命大约是 3000 h。

注意：若启动一次，只让灯点燃 1 小时，灯管的寿命将缩短到 70% 以下。所以使用日光灯时要尽量避免不合理的频繁启动。

规格：T4 灯管是荧光灯的一种，每个 T 就是 1/8 英寸，T4 直径为 4/8 英寸，约 12.7 mm。

3. 节能灯

节能灯（见图 5-3）又称省电灯泡、电子灯泡、紧凑型荧光灯及一体式荧光灯，是指将荧光灯与镇流器（安定器）组合成一个整体的照明设备。每只可污染 180 吨水及五六亩土壤，废旧节能灯的处理和回收问题引起关注。寿命：3000～5000 h。

图 5-3

4. LED 灯

LED 即半导体发光二极管，是一种固态的半导体器件，它可以直接把电转化为光。LED 节能灯（见图 5-4）用高亮度白色发光二极管做光源，光效高、耗电少、寿命长、易控制、免维护、安全环保；无频闪直流电，对眼睛起到很好的保护作用，是台灯、手电的最佳选择。灯具的寿命一般可达到 3 万～5 万小时。

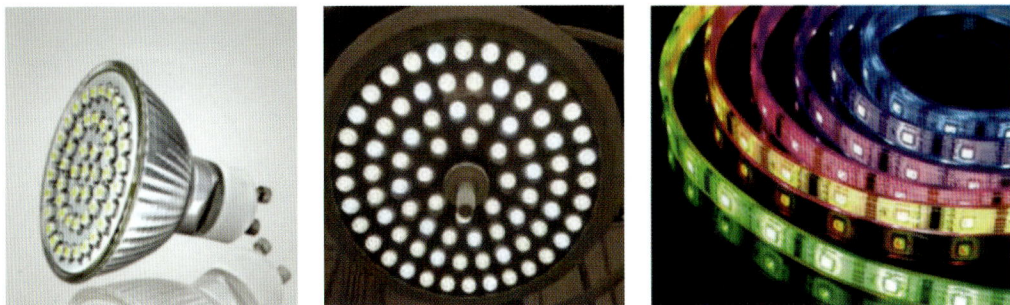

图 5-4

二、家具照明的三种方式

1. 一般照明

一般照明(见图 5-5)是指向某一个区域提供整体照明,也就是家装设计师经常会提到的环境照明、全局照明。

一般照明可以对该照明区域提供一个舒适的亮度,确保行走、工作的安全性,保证我们能看清物体。一般照明通常采用花灯、壁灯、嵌入式灯具、轨道灯具等具有一定控光设计的灯具。一般照明方式是照明布局中的最基础的照明方式。

图 5-5

2. 任务照明

任务照明(见图 5-6)完成特殊任务,比如在书房的书桌上阅读、在洗衣间洗衣服、在厨房里做饭、打电游等。

任务照明一般采用嵌入式灯具、轨道灯具、吸顶式灯具、移动式灯具等来完成照明任务。要注意避免产生眩光和阴影,而且一定要足够亮来避免视觉疲劳。

3. 重点照明

重点照明(见图 5-7)能给房间增加戏剧化效果,营造兴奋点。作为装饰所运用的一个元素,它可以用于

图 5-6

对绘画作品、雕塑和其他艺术品的照明,也可用于强调墙面或布料(比如窗帘布)的材质,还可以用来进行室外小景照明。

图 5-7

重点照明方式中,中心点所需要的照度一般为该区域周边环境的三倍。重点照明常采用轨道灯具、嵌入式灯具或壁灯等。

三、灯具的种类和选用

1. 大厅或大堂灯具

这种灯具能营造一种适宜的氛围(见图 5-8),它所运用的是一般照明这种方式,起到欢迎来宾、确保他们能够安全地进入家里的其他区域的作用。可以使用天花灯具、挂式灯具等安装在走道、楼道和进门的地方。

图 5-8

2. 花灯

花灯(见图 5-9)正如其名,样式多样。花灯是一种能增加辉光的灯具,适合用于卧室、大厅、起居室等区域,能给我们的就餐、娱乐等活动提供一般照明。它们有时被放到钢琴台顶上;有些样式的花灯采用的是向下照明灯具组合,为家庭活动、桌面游戏提供任务照明,也可以用于桌面摆设的重点照明。

花灯所采用的光源为白炽灯和卤钨灯这两种。值得提及的是上面这两种光源可以很轻松地进行调光,所以只需加一个调光控制器就可以控制光强,来满足心理和活动这两方面的需求。

图 5-9

3. 吊灯

吊灯(见图 5-10)与上面所提及的花灯类型有点类似,但是它的外形较小一点。吊灯提供的是任务照明和一般照明。

吊灯采用环状或锥状等组件来防止眩光,它们通常被用于吊式安装,放到餐桌上、游戏桌上、橱柜上或其他场合。将它们放到桌子的末端,另外采用桌面台灯进行补光照明也是一种有趣的效果。同样地,它们也可以采用调光控制器,使我们更加灵活地运用灯光来满足需求。

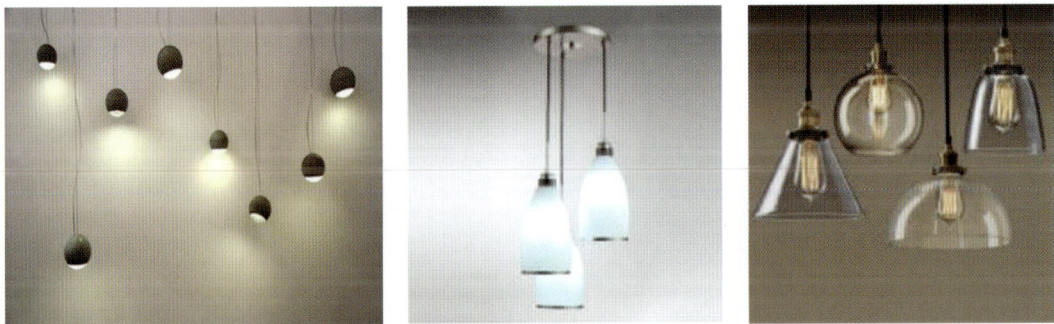

图 5-10

4. 吸顶灯

吸顶灯(见图 5-11)也称天花灯,用于一般照明。

吸顶灯用在大厅、大堂、卧室、厨房、浴室、洗衣间、娱乐室等使用率较高的房间。
吸顶灯采用的光源有白炽灯、荧光灯和节能灯这三种。

图 5-11

5. 壁灯

壁灯（见图 5-12）通常用于补充一般照明、任务照明和重点照明，通常作为餐厅花灯的配角，也可以用于过道、卧室、起居室的照明。它们采用的光源包括白炽灯、卤钨灯和节能灯。

图 5-12

6. 浴室或化妆灯

浴室或化妆灯（见图 5-13）所提供的是任务照明，对天花灯进行一般照明的补充性照明。它是梳妆镜上面的那个灯，也是卫生间镜子上面的那个灯，一般是指固定在镜子上面的照明灯，也采用节能光源（镜前灯）给女孩化妆、男孩刮胡子提供优异的、显色性极佳的照明。

图 5-13

7. 移动式灯具

移动式灯具(见图 5-14)可以提供一般照明、任务照明和重点照明三种照明方式。

图 5-14

桌灯、地板灯、火炬间接照明灯等各种各样的移动式灯具可以用来装饰生活环境,不要忽略它的重要性。

另外还有一些小型移动式灯具,比如茶杯灯、翻转灯、可调式移动灯具、迷你反射聚光灯、桌面灯、钢琴灯,可满足对任务照明和重点照明的需求。它们所需的光源有白炽灯、卤钨灯和节能灯管。

8. 轨道射灯

射灯(见图 5-15)可安置在吊顶四周或家具上部,也可置于墙内、墙裙或踢脚线里。光线直接照射在需要强调的家什器物上,以突出主观审美作用,达到重点突出、环境独特、层次丰富、气氛浓郁、缤纷多彩的艺术效果。射灯光线柔和,雍容华贵,既可对整体照明起主导作用,又可局部采光,烘托气氛。

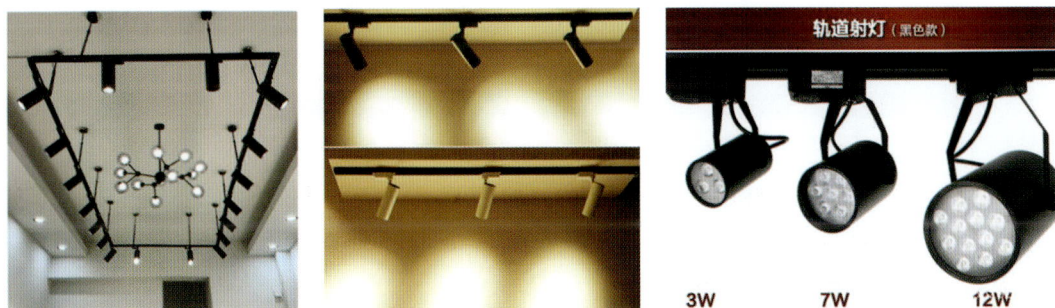

图 5-15

射灯分低压、高压两种,消费者最好选低压射灯,其寿命长一些,光效高一些。射灯的光效高低以功率因数体现,功率因数越大,光效越好。普通射灯的功率因数在 0.5 左右,价格便宜;优质射灯的功率因数能达到 0.99,价格稍贵。

9. 嵌入式灯具

嵌入式灯具(见图 5-16)是在我们的装饰设计中利用率较高的一种灯具,它能灵活地满足我们的设计需求。将它嵌入天花里安装,只需留出出光口和这些灯具的装饰细边即可。

常见的嵌入式灯具包括格栅灯盘、筒灯、天花射灯这三种。

嵌入式灯具分低压和高压两种,光源的选择有白炽灯、卤钨灯和节能灯管。

图 5-16

10. 柜内灯具

柜内灯具(见图 5-17)用于任务照明和重点照明。这些灯具包括 T4、T5 细长荧光灯管,节能灯管,迷你路轨灯,低压迷你灯。

图 5-17

第二节
门窗装饰工程

一、门分类

门是空间的围护构件之一,依据其所处环境起保温、隔热、隔声、防雨、密闭等作用,门还以多种形式按需要将空间分隔开。

(一)按材质和用途划分

门按材质分为原木门、实木门、实木复合门、模压门、钢木门、免漆门、竹木门、铝合金门、铝镁合金门等；按用途分为安全门、装饰工艺门、防火门、防盗门、隔断门、橱柜门等。

1. 原木门

原木门是指门从里到外用的是同一树种(见图5-18)，比如柚木门就是从里到外都是柚木。原木门使用的黏合剂比实木门用量要少很多，或者不用黏合剂。

2. 实木门

实木门(见图5-19)是指制作木门的材料是取自森林的天然原木或者实木集成材，所选用的多是名贵木材，如胡桃木、柚木、红橡、水曲柳、沙比利等。实木门具有不变形、耐腐蚀、无裂纹及隔热保温等特点。

图 5-18

图 5-19

3. 实木复合门

实木复合门采用松木或杉木等较低档的实木做门芯骨架，表面贴柚木、胡桃木等名贵木材，经高温热压后制成(见图5-20)。

特点：坚固耐用、保温、隔音、耐冲击、阻燃、不易变形、不易开裂。

4. 模压门

模压门(见图5-21)采用人造林的木材，经去皮、切片、筛选、研磨成干纤维，拌入酚醛胶(作为黏合剂)和石蜡后，在高温高压下一次模压成型。模压门也属于夹板门，只不过模压门的面板用的是高密度纤维模压门板。模压门的面板以木贴面并刷清漆，保持了木材天然纹理的装饰效果，同时也可进行面板拼花，既美观活泼又经济实用。

特点：价格便宜、防潮、抗变形性能好，但纹理不够真实，易造成甲醛超标。

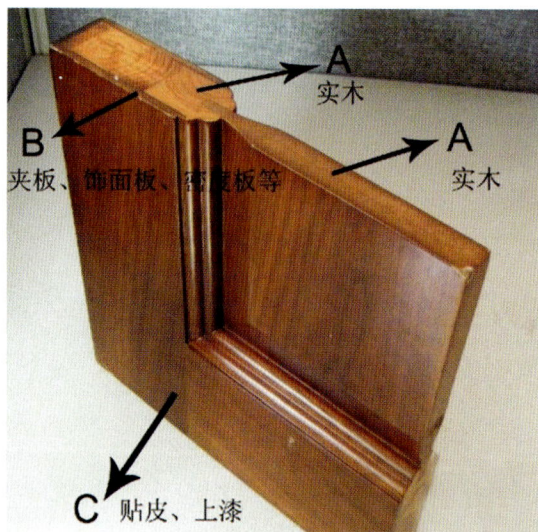

图 5-20

图 5-21

5. 钢木门

钢木门是一种可与装修配套的门,一般可由用户提出要求。它是以钢木为结构,门扇四周由钢板扣合而成,门框一般为钢套上装饰面,表面做免漆处理或者油漆处理而成的门。钢木门具有强度好、不易变形、结实耐用、不怕水等特点。

6. 免漆门

免漆门是不需要再油漆的木门,市场上的免漆门绝大多数是指 PVC 贴面门,它是在实木复合门或模压门外面采用 PVC 贴面真空吸塑加工工艺制作而成。免漆门具有色彩多样、表面光滑亮丽、免油漆等特点。

7. 竹木门

竹木门是采用竹子为原材料制作而成的一种木门。竹木门有优异的物理力学性能,且竹材材质均匀、易加工、环保健康,而且很有中国传统文化气息。

8. 铝合金门

铝合金门是将经过表面处理的铝合金型材,经下料、打孔、铣槽、攻丝、制作等加工工艺制作成门框构件,再用连接件、密封材料和五金配件一起组合装配而成的一种门。铝合金门具有材质轻、密封性好、色泽美观、加工方便等特点。

(二)按开启方式划分

门按开启方式不同分为以下几种。

1. 地弹门(180 度开启)

地弹门(见图 5-22)常见于商场、酒店等公共场合。

图 5-22

2. 平开门（单向 90 度开启）

平开就是以合页为轴心，旋转打开。平开门（见图 5-23）一般适用于家庭储物柜门和衣柜门等。

3. 推拉门（水平方向开启）

推拉门一般适用于隔断门和衣柜移门，或是厨房推拉门（见图 5-24）。

图 5-23

图 5-24

4. 折叠门（水平方向开启）

折叠门常用于商场、店铺等的外门窗封闭及车库门。

5. 卷帘门

卷帘门常用于商场、店铺等的外门窗封闭及车库门。

二、窗分类

(1)门窗按启闭方式分为平开门窗、推拉门窗、旋转门窗、固定窗、悬窗、百叶窗和纱窗等。

(2)门窗按功能不同可分为普通门窗、隔声门窗、防火门窗、防水防潮门窗、保温门窗和防爆门窗等。

(3)门窗按使用的材质不同又可分为木门窗、钢门窗、铝合金门窗、塑料门窗和复合材料门窗等。

三、门窗的选购

1. 防盗门

(1)钢板:门框钢板的厚度不小于 2 mm,门的面板厚度要采用 1 mm 的钢板,最好是冷轧板。

(2)内部:必须有几根加强筋增加防盗门的抗冲击性能,防盗门内最好有石棉等具有防火、保温、隔音效果的材料做填充物。

(3)锁具:必须经过国家指定权威机构的认证,具有防钻、防锯、防撬、防拉、防冲击、防技术开启锁头,最好有多个锁头和插杠。

(4)合格证:安全性能分 A、B、C 三个等级,A 级最低,B 级次之,C 级最好。

(5)外观:看有无开焊、漏焊的地方,门和门框关闭后是否紧实,打开是否灵活,涂层电镀是否均匀牢固和光滑。

2. 实木门及实木复合门

(1)含水率:控制在 10％左右。

(2)外观:要求色泽均匀、木纹清晰、纹理美观,表面没有污损、伤疤和虫眼等明显瑕疵。

(3)配件:注意锁具和五金配件,开阖自如且无噪声。

3. 模压门

主材为密度板,采用大量的胶黏剂,注意甲醛含量不能超标。

4. 铝合金门窗及铝塑窗

(1)厚度:相对而言,越厚越不容易变形,主要有 55 系列、60 系列、70 系列、90 系列四种,数值越大越好。

(2)外观:要求表面色泽一致,无凹陷、鼓出、裂纹、毛刺、起皮等明显瑕疵。

(3)注意内部腔体结构,内部应该采用壁厚为 2.5 mm、宽度大于 40 mm 的塑料型材。

5. 塑钢门窗

(1)型材:UPVC 决定塑钢门窗质量的好坏,好的 UPVC 厚度应大于 2.5 mm,同时表面光洁,颜色为象牙白或者白中泛青。

(2)五金:五金易出现问题,要求五金质量好,并安装牢固。

第三节
楼梯装饰工程

一、楼梯的主要种类

楼梯按造型分为直梯、弧形梯和旋梯三种(见图 5-25 至图 5-27)。

图 5-25   图 5-26   图 5-27

楼梯按材料分为木质楼梯、钢质楼梯、钢化玻璃楼梯、石材楼梯和铁质楼梯等。
楼梯构件有将军柱、大柱、小柱、栏杆、扶手、踏板、立板、柱头、柱尾、连接件等。

二、楼梯的主要技术尺寸

楼梯结构如图 5-28 所示,其主要技术尺寸包括坡度、踏步宽、步高、楼梯宽度和护栏间距等参数。

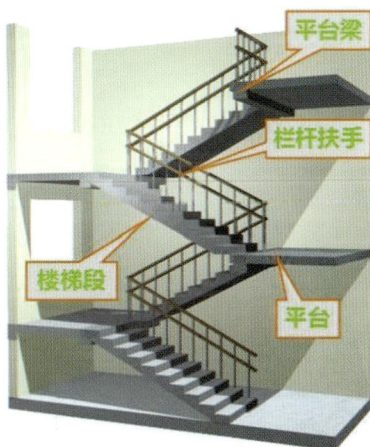

平台梁

栏杆扶手

楼梯段

平台

图 5-28

1. 楼梯的坡度

室内楼梯坡度控制在 20°～40°,以 30°为最佳。

2. 踏步尺寸

保证脚有 90% 踏在踏步上,宽度为 280～300 mm 最佳,最小不能小于 240 mm,高度在 160～170 mm,现代装修高度一般在 160～230 mm,如果有老人、小孩,最好控制在 180 mm 以下。

3. 楼梯宽度

公共空间必须保证双人及以上的人通行自如,双人楼梯宽度为 1200～1500 mm,三人楼梯一般在 1650～2100 mm。

4. 栏杆

栏杆高度应高出踏步 900 mm 左右;儿童用楼梯高度 500～600 mm;回廊及室外楼梯临空处高度不低于 1050 mm,高层建筑再适当提高,但不高于 1200 mm。如果有小孩,栏杆间隔在 110～130 mm。

三、楼梯的选购

(1)楼梯的钢结构部分要注意其焊接点是否粗糙,表面是否采用喷塑处理。普通的喷塑处理不环保又易生锈。

(2)不锈钢部分要确认是否为国标 304 不锈钢。

(3)实木板材部分,因为楼梯不同于一般家具,也不同于地板只受一个垂直向下的力,楼梯板受力比较复杂,对板材硬度和稳定性要求较高。

(4)油漆,表面光洁,无颗粒,色彩清晰,主要是对施工环境和设备要求比较高,必须在无尘的环境中喷漆。现在楼梯公司有这种专用喷漆房的并不多,所以选购产品时可要求去看喷漆设备。